U0323655

HOW TO
SKIN A LION

A TREASURY OF
OUTMODED ADVICE

后浪

# 如何
# 给狮子剥皮

［英］克莱尔·科克—斯塔基 （Claire Cock-Starkey） 著

董秀静 译

中国华侨出版社
·北京·

# 声　明

　　本书所涉及资料来自大英图书馆，部分内容具有一定的历史局限性，仅表明原作者的个人立场和观点，不代表出版方、发行方的立场或观点。保护野生动物，拯救珍贵、濒危野生动物，维护生物多样性和生态平衡，是每一个公民应尽的责任和义务。

# 序　言

　　《如何给狮子剥皮》（*How to skin a lion*）一书收藏了许多失传的古老建议，它们会让读者惊叹于大英图书馆（The British library）浩瀚的档案室中竟包含着如此庞大的信息宝库。该书挖掘了中世纪的手稿、维多利亚时代的手册和二十世纪早期的自助指南等，为读者奉上精彩的黄金建议。

　　《如何给狮子剥皮》旨在揭示失传艺术的秘密（如"如何训练猎鹰""如何在骑马时侧骑"），提醒我们现代化设备如何改变了我们的生活（如"如何干洗衣服""如何在没有冰箱的情况下生存"），追忆礼仪的复杂性（如"如何介绍引荐别人"），突出态度和信仰的改变，给我们提供一些至今仍然有用的技巧和指导（如"如何处理和治疗蛇咬的伤口""如何治疗晕船"）。

　　需要提醒读者的是，此书中的某些古老建议比其他建议更能经受时间的考验，但书中有些欢乐的内容是为了反衬现在和过去相比发生了多么大的变化（或者，在某些情况下，多么少的变化）。有些条目令人敬畏，有些令人蔑视，有些逗人发笑，有些挑战信仰，但是每条都能激发我们对前辈们的钦佩之情。

为了保持原始资料的风格，这些摘录保留了原著的拼写和标点，这有时看起来比较陈腐；但是，这能够保留原作者的声音，从而显现出这些智慧顾问真正奇妙的精神意象。

因此，我打开这本古旧建议的百宝箱让读者探索，希望读者能扩展思维，收获惊奇和欣喜。

# 目 录

# 插图说明

除非特别声明，所有插图都来自大英图书馆。

第 12 页"对森林之王狮子的袭击"选自《在南非腹地的五年打猎生活》（*Five Years of a Hunter's Life in the Far Interior of South Africa*），罗尔林·戈登 - 卡明（Roualeyn Gordon-Cumming），1856。

第 14 页"追击中的黑犀牛"选自《在南非腹地的五年打猎生活》，罗尔林·戈登 - 卡明，1856。

第 22 页"奶酪制作法"选自《行业奇观》（*Les Merveilles de l'Industrie*），吉拉姆·路易斯·费及耶（Guillaume Louis Figuier），1873—1877。

第 23 页"龟甲梳子"选自《英国女性家庭杂志》（*The Englishwoman's Domestic Mmagazine*），S. O. 比顿（S. O. Beeton），1852—1879。

第 30 页"如何用绷带包扎伤口——给家庭护士准备的简单说明和图示"选自《卡斯尔的家庭百科全书》（*Cassell's Home Encyclopaedia*），1934。

第 34 页"用来保存蔬菜和水果等食品的瓶子"选自《行业奇观》，吉拉姆·路易斯·费及耶，1873—1877。

第 41 页"给马套上缰绳"选自《图文并茂的驯马术》（*Illustrated Horse Breaking*），马修·贺拉斯·海耶斯（Matthew Horace Hayes），1896。

第 46 页"一位医师用水蛭给病人治病"，由路易斯·布瓦伊（Louis Boilly）雕刻，1827。（维尔康姆图书馆，伦敦）

第 52 页"切烤肉"选自《图文并茂的伦敦食谱》（*The Illustrated London Cookery Book*），弗雷德里克·毕肖普（Frederick Bishop），1852。

第 66 页"宰割腊肉用猪和食用猪"选自《家政指南》（*A Manual of Domestic Economy*）（适用于每年开支 150 镑到 1 500 镑之间的家庭），约翰·亨利·沃尔什（John Henry Walsh），1879。

第 69 页 用来说明"一位绅士臀部拔的两个火罐"位置的插图，选自《关于治疗方法的观点、观察及实践》（*Exercitationes practicae circa medendi methodum, Auctoritate, Ratione, Observationibusve*），弗雷德里克·德克斯（Frederick Dekkers），1694。（维尔康姆图书馆，伦敦）

第 76 页"在一条狭长的阶梯状的路上巧妙安装一个带基座的日晷"选自《卡斯尔的家庭百科全书》，1934。

第 81 页"彼得·巴兰缇德——最后一位老苏格兰放鹰

者"选自《狩猎和放鹰》(*Coursing and Falconry*)，哈丁·考克斯 (Harding Cox)，1892。

第112页"给布料染色的桶和滚筒"选自《行业奇观》，吉拉姆·路易斯·费及耶，1873—1877。

第120页"霍华德的抢救溺水者的方法"选自《伍德的家庭医疗》(*Wood's Household Practice of Medicine*)，乔治·B.伍德 (George B. Wood)，1881。

第138页"狮子"选自《行业奇观》，吉拉姆·路易斯·费及耶，1873—1877。

第160页书籍插图选自《女骑士》(*Ladies on Horseback*)，南妮·鲍尔·欧多诺霍夫人 (Mrs Nannie Power O'Donoghue)，1896。

第171页"'我想知道为什么喝鸡尾酒的时候杯子里总有一颗樱桃''这样喝酒的时候就不是空腹了'"选自《旁观者》(*The Bystander*)中海因斯 (Hynes) 所绘插图，1929年5月29日。

第175页插图选自《工业景观蜂箱和蚁丘中的勤劳景象》(*Scenes of Industry : Displayed in the Bee-Hive and the Ant-Hill*)，约翰·哈里斯 (John Harris)，1829。

第181页"收集粪肥"选自《城市风貌，或伦敦一瞥》(*City Scenes; or, A Peep into London*)，威廉·达顿 (William Darton)，1814。

第 189 页 "早餐" 选自《印度人和盎格鲁 - 印度人的礼仪风俗草图》(*Sketches Illustrating the Manners & Customs of the Indians and Anglo-Indians*), 威廉·泰勒 (William Tayler), 1842。

# 如何治疗晕船

长久以来，对于许多首次出海的船员来说，晕船一直是一个问题。埃德蒙·C. P. 赫尔（Edmund C. P. Hull）在他 1874 年出版的《欧洲人在印度》（*The European in India*）一书中与大家分享了一些非常舒适的尝试性治疗方法。

如果会出现晕船——所有身体失调中最令人沮丧的——或者其他微恙，应该随身携带一些船上不容易找到的缓解不适的东西。我推荐大家携带以下用品：一到两磅[1]真正优质的浓茶，一两罐甜饼和姜汁饼干，还有一两罐巧克力和一瓶最喜欢的果酱。尽管有些疗法有时很灵验，但总的来说并没有普遍适用的具体措施能治疗晕船。通常，香槟、摩泽尔白葡萄酒或者含汽白干葡萄酒对止吐都有良好的效果，因此，如果能获得一品脱[2]或者半品脱上述任何一种酒，将是非常宝贵的。如果伴随着虚脱的症状，那么有一两瓶上好的波特酒或者雪利酒则再好不过。

---

1　1 磅约合 0.45 千克。

2　1 品脱（英制）= 568.26 毫升。

对于大量饮酒仍然不能缓解的情况，赫尔提供了下面这个选择，这个方法就没有以上措施那么舒适了。

　　如果某些船员感到严重不适，不能进食，甚至连佳肴也无法下咽，以下这个小偏方会对他们非常有效。取一个新鲜的鸡蛋（任何一艘客轮都会有充裕的供给），打到一只玻璃酒杯里，加几滴醋，用调味瓶撒上一些黑胡椒粉，然后像吃牡蛎一样大口咽下去。这种方法能帮助晕船的船员坚持很长时间。

# 如何从火中逃生

"一位老管家"所著的《家务管理》(*Household Management*)(1877)一书中涉及房间着火时如何逃生的建议,这些建议永远都不会过时。

1. 要牢记房间上下最便捷的出口。

2. 听到警报后,要先思考再行动。如果你正躺在床上,用被子或床边的地毯包裹全身;只打开必须打开的门窗,而且在通过后,要关闭身后的每道门。

3. 通常,在紧挨地面8～12英寸[1]的范围内有新鲜空气,因此如果你不能在烟雾中直立行走,就趴下来一直爬行。把一块打湿的丝帕、法兰绒巾或者精织丝袜盖在脸上可以保证呼吸,而且能在很大程度上防止吸入烟雾。

4. 如果房间上下都没有出路,就设法进入你前面的房间。如果有家人也被困,要确保他们都在一起。除此之外,由于烟雾会从通风处进入,要确保房间的门尽量关紧。

5. 无论什么情况下自己都不要从窗户跳出,也不要让别人跳

---

1  1英寸合2.54厘米。

窗。如果没有援助，你处于绝境之中，可把床单系在一起，一头拴在较重的家具上，另一头拴在被困者的腰部，通过门上方的窗户，把妇女和儿童一个个顺下去。当把所有的弱者都解救之后，你自己可以抓着床单爬下去。

6. 如果妇女的衣服着火，让她就地打滚；如果有男子在场，让他把她推倒，必要的话，用小地毯、外套或者手头可用的任何物品包住她。

7. 路人一看到着火就应该跑向安全出口（如果离警察局更近一些的话，就去警察局），这些地方通常都有救生帆布。

8. 发现火情之后，重要的是关闭所有的门窗及出入口，一直不要打开。

# 如何用花语进行交流

　　在男女公开与异性交往为社会所不容的时代，人们不得不寻求其他的方式建立联系。1852 年出版的《送花礼仪》(*The Etiquette of Flowers*) 一书就向我们粗略展示了那时的青年男女如何通过送花来谈情说爱，每束花都有特殊的含义。

　　是谁想出了这么复杂的规则已无从考证，但是这本书包含的一系列精心设计的规则，足以令现代人困惑。

　　如果确定某种花或植物代表的含义以代词"我"开头，那么送花的位置要靠近左手。如果要表达"你"的意思，那么送花的位置要靠近右手。例如，靠近左手送旋花和大丽花表达了"我拥有荣耀"或"荣耀会垂青我"，但是靠近右手的意思是"你拥有荣耀"。

　　表达"肯定"和"否定"也要根据以上规则。比如，靠近右手送薰衣草和常春藤意味着"我不信任你的友情"，但是靠近左手则意味着"你的友情我并非不信任"。

　　通常，人们把花语所代表的情感、美德或恶习都理解为名词，然而，正如标记代词一样，要想把这些变为动词、形容词或者副词也非常简便。如果你希望花束代表动词，就在花朵下面的枝茎上缠一条红丝线；如果是用作形容词或者分词，用蓝丝线；如果是用作副词，则用黄丝线。

至于象征的意义，花束放在头上意味着焦虑，放在嘴唇上意味着保密，放在心上意味着爱意，放在胸前意味着疲惫。

谈完花语规则之后，现在坠入爱河的男女就可以选择某种花来代表他们的秘密情感了，而且他们怀揣侥幸的心理，希望接受此花的对象也能同时拥有此书，这样就能破译送花者的意思了。1852 年出版的《送花礼仪》一书中包含的部分花语如下：

龙舌兰——苦恼、悲伤

紫花罗勒——憎恨

铃兰——坚定不移

金凤花——忘恩负义

仙人掌——热情温暖

甘菊——逆境中奋起

康乃馨——女性的爱

条纹康乃馨——拒绝

黄色的康乃馨——蔑视

香橼——脾气糟糕的美人

水仙花——尊重

雏菊——高兴

山茱萸——我完全不在乎你

接骨木花——同情

醋栗花——期待

藜芦花——女子水性杨花

黄色的鸢尾花——热情，激情

莴苣花——冷酷无情的

槲寄生——障碍

凤梨花——请你保守诺言

白色的罂粟花——睡眠

野玫瑰——快乐和痛苦

红色的玫瑰——美丽

迷迭香——纪念

杂色的郁金香　　美丽的双眼

甘蓝花——宽容

狼毒花——厌世

　　紧接着，这本手册还记述了有些花语可以代表完整的句子。

我尊重你但是并不爱你——紫露草花

我邀请你跳下一支舞——天竺葵花

你的魅力让我目眩神迷——毛茛花

我贫穷但是我快乐——春草

我的辉煌日子已成为过去——番红花

你永远都这么可爱——并蒂石竹花

你忘记我了吗？——冬青花

了解这些知识以后，送花就不再是千篇一律的"高兴"这么简单的含义了。(尤其是当你迅速翻书，拼命想查出一束系着绿丝的紫花罗勒、黄色康乃馨或山茱萸花是什么意思的时候。)

# 如何把丝绸羊毛织品染成靛蓝色（法国的方法）

在没有发明合成染料的时代，纯蓝色染料是非常受欢迎的畅销商品。以前，欧洲人依靠菘蓝来调制蓝色，但在 15 世纪，当通往印度的航线开通之后，印度靛蓝染料因其质量上乘而取代了当地其他的染料。印度是"木蓝"的原产地，而靛蓝染料则是木蓝的叶子经发酵作用制得的。人们对靛蓝的需求扩展到整个欧洲，其需求量如此之大，靛蓝甚至被称作"蓝色黄金"，而且木蓝的种植也从印度传到了新世界 [1]。直到 1897 年制作出一种容易生产的合成的蓝色染料之后才结束了靛蓝染料贸易。威廉·塔克（William Tucker）在 1817 年所著的《家庭染工和清洗工》（*The Family Dyer and Scourer*）一书中提供了以下配方，可以将纺织品染上迷人的蓝色。

取 4 磅东印度靛蓝染料进行精细研磨和筛选，然后把染料放入 1 加仑 [2] 醋里，用小火慢煨 24 小时溶解染料。到时间后，如若

---

1　指西半球或南、北美洲及其附近岛屿。

2　英制 1 加仑合 4.546 升，美制 1 加仑合 3.785 升。

染料溶解不充分，就在研钵里加入溶液将其碾碎，时而加入几滴尿液，然后在染料中加入半磅最好的茜草。将这些材料充分搅拌后放入一个装有 60 加仑尿液的大桶里；再次充分搅拌，昼夜不停地搅拌 8 天，直到溶液变为绿色，一搅拌就起泡沫。染料要立即使用，而且每次使用前都要先搅拌。在印染器皿中的染料用完之前，这个大桶要一直保持良好的状态。然后将丝绸浸入温水中使之染上蓝色，再把丝绸放在染料桶里，浸泡时间长短则要视所需颜色的深浅而定。若要染成深紫色和深蓝色，则必须先把丝绸浸入苔色素（由地衣所得的红紫色染料）和热水中：浸入大桶，然后再浸入苔色素染料中，如此反复直到得到你想要的颜色。

收集染布所需的 60 加仑尿液就足以让现代染布爱好者对尝试这种方法望而却步。

## 如何围猎追捕狮子

首先，正如追捕野鸡一样，想要围猎狮子必须先召集一批助猎者。亚伯·查普曼（Abel Chapman）在他 1908 年出版的大部头著作《论狩猎》（*On Safari*）中就叙述了下面这种人员的构成。

我们组织了一群中等规模的本地人——40 到 50 人之间，包括：搬运工、扛着施耐德式枪的非洲土著兵、猎人、负责搭帐篷的小伙子们和所谓的"远征狩猎队"或"旅行队"的一般成员。我们认为这些人会组成一支非常有用的助猎队，但是他们对于任务很难具备同样的热情。搬运工们有很多优点，但他们并不是天生的冒险家，也不再是真正的野蛮人。他们会穿各式各样的衣服，有机会就喝酒，也会算计需要给他们的头目上交多少卢比。而真正的未开化的人，绝不会做以上任何一件事。但他们不愿做助猎者的任何念头很快就在我们的"首领"——身材魁梧的玛吉塔尔（Maguiar）的强力劝说下烟消云散了，由于他在体力上有明显的优势，所以他的话就像法律一样能施行下去，无可辩驳。吃过早饭后，我们就在震耳欲聋的喧闹声中出发了。

可以用锣鼓、手鼓和拨浪鼓（把鹅卵石装到葫芦里制得）来制造声浪，其声势足以让最怠惰的沉睡的狮子惊醒。然后猎人要在助猎者身后相当远的地方匍匐前进，找到被噪音惊扰的狮子。敲击声由隐蔽地区传到空旷地区，可以把狮子驱赶到开阔地，利于射击。但是，在瞄准之前要首先确保猎人处于有利的条件。克莱夫·菲利普斯-沃利（Clive Phillipps-Wolley）在1894年所著的《大型猎物狩猎》（*Big Game Shooting*）一书中展现了传统的英国远征狩猎队中的大型猎物猎人是如何探知风向的。

……持续不断地探测风向是很有必要的。探测风向，最有效也最便捷的方式就是抓起一些沙子、尘土或是碎成粉末的树叶，然后松开手，使其自然落下。在风和日丽的日子，风力较弱不会刮起尘土或枯叶的时候，烟斗或者点燃的火柴突然冒出的一阵烟也能起到同样的作用。烟草烟雾的气味绝不可能吓跑猎物，因为如果野兽能觉察烟草味，可以肯定，它也能觉察到追猎者。从个人角度来讲，我就喜欢用烟斗来充当测风仪，在我所捕杀的猎物当中，一半以上都是我在嘴里叼着点燃的烟斗时开枪射击的。

但是，正如查普曼所说，能够辨认狮子的存在，即使它离你只有几米远，也是不小的成就。

在距离狮子20码[1]的地方，如此大的一只野兽一直躺在这样一小丛灌木里，我却浑然不觉，看起来是不可能的。我想，它们肯定是在我们没注意到的情况下逃走了，因此，我漫不经心地继续往前走，直到离右手边的灌木丛不到10码远，这时艾尔米突然抓住我的胳膊，同时端起他随身携带的来复枪指向灌木丛的根部，悄声说："快看！快看！狮子！开枪——它跳起来了！"我不得不再次承认，我什么也看不出来。我尽力睁大眼睛仔细搜寻，但是仍然无法从那片灌木丛里辨认狮子——除了较远的角落里那一小片单调的颜色之外，我什么也看不出来。但是，艾尔米对此非常肯定，而那片灌木丛也很小，离我们又近，因此我不顾一切地决定——也可能由于这位黑人视力远在我之上，让我感到有些羞愧——开枪。开枪后引起的反应绝对没错——那是我生平从未听到过的狂怒的咆哮。透过 Paradox 枪[2]冒出的浓烟，我看到狮子电击般站立起来，用力一跳。狮子的这个动作暴露了头和肩，没等它做出攻击，我就把第二颗子弹不偏不倚地打进了它肩后。这就排除了任何打斗的可能，这头野兽，虽然还在怒吼，却因为受

---

1　1 码约合 0.91 米。

2　Paradox 枪是"霍兰与霍兰"公司（Holland&Holland）研制的，可以当作来复枪或者霰弹猎枪使用。这种枪对于印度和非洲猎人来说尤其好使，因为他们在一次狩猎中可能同时遇到大猎物和小猎物。

了致命伤，趴到了另一边。

正如查普曼所述，如果你想干净利落地杀死猎物，正确瞄准动物身上的部位至关重要。罗兰·沃德（Rowland Ward）的著作《冒险家手册》（*Sportsman's Handbook*）（1923）给出的建议如下：

首先，对于猫族或者猫科动物，如果你非常确定目标，比如静止不动的狮子，射击最佳位置毫无疑问是脑部。狮子的大脑类似老虎的大脑，大约像苹果那么大，比颅骨小，头盖骨位于眼后3～4英寸的位置。心脏的位置也很容易辨别，当猎物侧对猎人的时候，瞄准肩后射击便可穿透其心脏。当它直冲向你的时候，最好的射击位置是头部偏右或者偏左一些，直穿肩部，这样你就能洞穿他的心脏或者有可能打断它的脊椎，另一方面，子弹可能纵向贯穿狮子使其瘫痪，或者子弹可能会——这是最重要的——

击碎狮子的肩胛骨，防止狮子可能致使人丧命的跳起猛扑。

偶尔……

另一方面，杀死犀牛的最佳部位是射击脑部，射击脖子附近击碎脊柱或者击中心脏也勉强可以。

……而且实际上……

至于河马，根据观察，如果恰巧在这些动物浮出水面的时候射击，应该瞄准鼻孔上面的位置，射击那个地方一定能伤及脑部。中枪后，河马会沉到水里，过一到两小时，它的尸体才会浮起来；所需时间的长短主要取决于水温。

在狮子中了至少这样的三枪而伤残的情况下，仍建议务必谨慎，应该把棍棒或者石头投向狮子来确定它是真的死亡了。R. 戈登－卡明（R. Gordon-Cumming）在他1850 年出版的《猎人南非游记》（*A Hunter's Life in South Africa*）一书中提到，布尔人（Boer）会雇佣当地土著人朝受伤的狮子扔棍棒来判断它是否还有微动。直到一名倒霉的小男孩被选中可以用力拉拖狮子尾巴的时候（这个动作足以证明狮子是否还活着），猎人才会靠近。卡明提供了以下故事来警示后人。

在一次猎狮的过程中，一个布尔人下马射击，还没来得及再上马就被狮子猛撞到地上。但是，这只畜生并没有伤害他，而只是盯住他，猛烈摇动尾巴，同时冲着其他人咆哮。因为极度的惊慌恐惧，狩猎队的其他成员此时已经疾退到较远的地方。为了营救自己的同伴，他们并没有靠近狮子找到容易击中狮子的位置再开枪，而是从较远的位置开火射击。这个参加体育比赛般的行为导致的后果是他们并未击中狮子，而是击中了他们的同伴，这个人当场死亡。不久，狮子就离去了，也没人敢再追它，它逃掉了。

尽管有同伴牺牲，但狩猎应该以成功打死狮子而告终。然后，猎人就可以把他的战利品带回宿营地，开始剥皮并利用战利品进行装饰。

## 如何介绍引荐别人

几个世纪以来，介绍引荐别人让大家互相认识的礼仪一直困扰着做东的主人。幸运的是，维多利亚时代的人非常重视这种事，并且创立了相关规则，这里，我将从 1843 年出版的著作《绅士的礼仪》(*Etiquette for Gentlemen*) 一书中节选一些引荐规则。

应该把处于下位的人介绍给处于上位的人——我用这种称谓主要指性别差异——把先生介绍给女士。

两位头衔平等的男士则要简洁精确地互相介绍——"A 先生，这是 B 先生；B 先生，这是 A 先生。"

这些看起来都不言而喻，而且我敢说，也是合情合理的。

事实上，我们可以想象把这些规则应用到工作需要、夏季夜宴甚至一次不合常规的狂欢之中，应该都会很成功。但是，我们还要谈到以下情况……

事先未经女士许可，不能随意将男士介绍给女士。

这会给任何即席的会见增加许多麻烦，不仅如此，以下做法会令事态更加复杂。

你与一位朋友一起散步时，恰巧碰到了你的熟人，千万不要犯这种最平常也最令人难以接受的错误，即把这二人引荐给对方。

在读了这条建议之后，我们会感觉自己从毫无顾虑、轻松应对社交的状态，过渡到了周日漫步时把鲍勃介绍给戴夫就感到犯了自杀性社交错误的状态。

# 准备到非洲内陆旅行一年，该如何准备行李

那些进入非洲荒原的拓荒者通常会赶着斗篷车来装载他们的供给以及可能获得的动物毛皮和战利品。R. 戈登－卡明在他 1850 年出版的《猎人南非游记》一书中罗列了进行为期一年的远行所需要携带的物品。

两个麻布袋，里面满满装着以下物品：300 磅咖啡、4 箱茶叶（每箱约装 1/4）、300 磅食用糖、300 磅大米、180 磅谷物、100 磅面粉、5 磅辣椒、100 磅食盐、1 安克 [1] 食用醋、几大坛腌菜、半打火腿和奶酪、两箱杜松子酒、1 安克白兰地、半斗篷车白兰地、长腿铁烘烤盆、蒸煮锅和煎锅、炖锅和烤架、各种尺寸的锡制水桶、两只大水桶（这是任何斗篷车都绝不会缺少的必备之物）、两大瓶焦油（与滑脂混合后用来给干涩的车轮上油）、6 打小折刀、24 盒鼻烟、50 磅烟草、300 磅各种规格的珠子（有白色的、珊瑚色的、红色的和宝蓝色的）、3 打火绒箱、1 英担 [2] 黄铜丝和紫铜丝（贝专纳部落，尤其是定居在东部的贝专纳人，喜欢用

---

1　1 安克约等于 40 升。

2　1 英担约等于 50.8 千克。

别的物品交换铜丝，然后把铜丝变为手脚上的装饰品）、2 打镰刀、2 把铁锹、2 把铁铲、1 把鹤嘴锄、5 把优质美国斧头、2 个螺丝钻、一套 36 个马嚼子、短柄小斧、木工刨、制图刮刀、几只修理马车用的粗凿、一把老虎钳、铁匠用的锤子和木匠用的锤子以及其他一系列木匠和铁匠经常用的工具。一套钻子、一套缝帆针、50 卷帆线、2 匹帆布、几卷结实的呢绒布、两打睡袍、6 打马来手绢、针线和纽扣、给伙伴准备的夹克衫和长裤、几打粗布衬衫、苏格兰帽等（至于鞋子，当地人自己应该会制作）。

除此之外，卡明还带着马车、牛、马、一顶帐篷、寝具、桌椅和一大批用来驱赶当地野兽的枪支弹药。

# 如何制作斯提耳顿奶酪

约翰·伯克（John Burke）在 1834 年所著的《英国家政》（*British Husbandry*）一书提到了以下制作斯提尔顿奶酪（Stilton cheese）的配方，至今仍然可以沿用。

斯提尔顿奶酪因其浓郁的香味而闻名遐迩，是由莱斯特郡（Leicestershire）麦尔登（Melton）附近斯提尔顿的老贝尔旅馆老板的亲戚首次制作的，也因此得名。

制作方法是：把前一夜的奶油（不含任何脱脂奶）加到第二天早上的牛奶里；如果想制作优质奶酪的话，多加一些奶油，当然了，奶酪的浓郁程度取决于奶油的用量。据说有时也要加一些黄油。然后加入凝乳酶，但是不要带色素；凝固之后，一整块地取出来，然后整个放进滤网或者排水器里，用重物挤压，直到把乳浆全部挤压出去。晾干之后，用一块干净的布包裹，放到一个带箍的容器（奶酪桶或者其他容器）里，然后放到重物下压住，首先腌制外面一层。当奶酪外皮足够凝固，可以从模子里取出的时候，把奶酪放到一块干燥的木板上，用布包紧，布块要每日更换以防表皮出现裂缝，直到外层凝固好；之后就不再需要用布块了，只需经常翻转奶酪，偶尔擦一擦，除此之外，不再需要其他关照了。

这种奶酪尽管比大号帽子的帽檐大不了多少——形状也很相似——重量也不到 12 磅，却需要将近两年的时间才能完全发酵好，因为人们通常认为，如果发酵不够，就不够芳醇；而且为了促进发酵，据说除了要把奶酪放到潮湿温暖的地窖之外，有时还要用结实的牛皮纸把奶酪包起来，放到温床里。

　　我们还了解到，通过混入一些任何种类的新奶酪使其与旧奶酪混合，旧奶酪的香味就可以传给新奶酪。制作方法是：用样勺从每块奶酪上挖取小块，然后互换；通过这种方式，如果与空气隔绝得好的话，新奶酪就会在几周内浸染霉菌，其香味同旧奶酪相似，几乎难以分辨。

# 如何打理保护头发

《化妆宝典》（*The Handbook of the Toilette*）（1839）一书这样描述了头发这一属于女性的至高无上的荣耀：

人最受尊敬的装饰之一就是头发。头发对于女性的魅力是如此重要，以致任何损失或者退化都会严重损害女性的美丽，因此那些天生发量少的人经常要靠戴发套给别人留下容貌美丽的印象，如果没有假发套的话，这种魅力就大打折扣了。

这本书不仅包含了大量让头发保持风姿的建议，也包含了对头发组成成分较为笼统的描述。

根据最有经验的化学家分析，头发由各种物质组成：1.动物有机物质。包括蛋白和极少量的硬胶质物，像指甲的胶质物一样。2.一层白色的凝脂，可以让头发保持光滑和柔顺；这种凝脂所占的比例决定了头发的光滑或粗糙程度。3.一种让头发有颜色的油脂，这种油脂被称作颜色之源。4.少量的铁。5.一些一氧化锰颗粒。6.少量碳酸钙。7.大量的硅酸。8.大量的硫黄。不同人的头发当中含有硫黄这种物质的量也不一样。在有些人的头发中，硫黄的含量非常高，甚至单根头发受热时，人们也能感受到头发上的硫黄味。

撇开可疑的科学不谈，我们回到一些头发护理的建议上来。

务必保持头皮彻底清洁的常态。为了达到这种效果，如果可能的话，每天都要梳三遍头。梳子不要太硬也不要太密，能够穿过头发到达头皮即可。早上一起床，要梳整整半个小时；如果小姐的头发又密又长，梳的时候就需要增加 15 分钟，也就是整整45 分钟。更衣准备赴宴的时候，要梳头 5 到 6 分钟，晚上则大约 10 分钟。早上在梳头之前，可以先擦一些发粉或者米糠——这些几乎都是无形的，但是我更喜欢用发粉。

紧接着是对想染头发的那些人的警告。

染发的秘方和预防及治疗脱发的秘方几乎一样多。孟加锡发油（Macassar oil）的发明者制作了一种染发剂，他称之为"Essence of Tyre"。这只不过是一种银硝酸盐（硝酸银）溶液。这种溶液能先把头发染成红色，但是通过重复使用就会产生浓淡不一的效果，直到染成黑色。但是，如果在使用这种染发剂之前，就用浓的纯碱水溶液洗头发，不经擦拭而让其自然晾干，只用一次染发液就能把头发染黑；在硝酸银溶液分解发生作用的同时，纯碱能阻止染料伤害发质。使用这种染发液的时候有几种不可避免的缺陷：不仅染黑了头发也染黑了头皮；使用时会染黑手指；滴到哪里，哪里的亚麻布就会烧坏；最糟糕的是，它会破坏发质。

# 如何让脱臼的下巴复位

《病人家用内外科医疗、住院护理和烹调指南》
(*Household Medicine and Surgery, Sick-room Management and Cookery for Invalids*)（1854）一书提到，下巴很容易脱臼，这有些让人惊讶。

有时张大嘴打一个大哈欠或者只是开心地大笑就有可能导致下巴脱臼——嘴张得大大的，突然静止不动。患者无法开口说话，一努力说话就会出现奇怪的痛苦表情。

幸运的是，紧接着，书中就描述了一些解决这个难题的简单的建议。

大多数情况下，脱臼的下巴很容易复位。用亚麻布把双手的大拇指包好，放进下颌的后部，两边各一个拇指。现在拇指要用力向下摁压，同时用手指或者请别人帮忙往上抬下巴。当感到骨头要接合的时候，大拇指要撤出下颌，以免被咬伤。当然，没人愿意冒手指被咬的风险，所以也可以用叉子柄或者一块木头施加压力。

# 如何用蜗牛预测未来

王尔德夫人（Lady Wilde）所著的《爱尔兰古代传奇、神秘故事和民间迷信》（*Ancient Legends, Mystic Charms, and Superstitions of Ireland*）（1887）一书提到，可以利用常见的普通蜗牛预测未来。

另一种预测未来命运的方式是使用蜗牛。年轻女孩在日出之前就出去追寻泥土中蜗牛的踪迹，踪迹中通常会出现字母的标记，而这是爱人名字的首字母。如果早上先碰到黑蜗牛，是非常不幸的，因为黑蜗牛留下的踪迹预示着死亡；而白蜗牛则能带来好运。

# 如何制作萝卜酒

你肯定觉得"萝卜"和"酒"这两个词永远都不可能同时出现,但在这里却可以。《花一先令就能买到的实际收益》(*A Shilling's Worth of Practical Receipts*)(1856)一书就包含了以下配方。可以尝试,结果恕不负责。

挑选任意数量的萝卜,去皮,切片,把它们放到榨汁机里,挤出所有汁液。给每加仑萝卜汁加入三磅冰糖,然后把冰糖萝卜汁放入一个大小合适的容器里,给每加仑冰糖萝卜汁加入半品脱白兰地。用重物压住塞子放置一周的时间,待发生反应后,再把塞子向下摁压塞紧。放置 3 个月,然后把酒倒到另一个容器里,一切就绪之后,放到瓶子里即可。

## 如何用绷带包扎胳膊

随着骨折术后修复支架无情地兴起，现在很少有人掌握用绷带包扎的技术了。在这里，《卡斯尔的家庭百科全书》（1934）一书就详细阐述了如何恰当精心地包扎受伤手臂的方法。

手掌和手臂朝下平放，把绷带从手腕的后面绕过去，绷带头朝向患者身体，由包扎人员固定在原位。然后把纱布从手背的拇指边到小指边缠绕，绕到手背上，再绕过掌心，然后从大拇指和食指之间穿出提起斜向上，然后经过手背，围着手腕绕一圈再经过手背从拇指边到小指边再绕一圈。

手上要缠 2 ~ 3 层这种 8 字圈。用螺旋形绷带沿着手臂向上缠，必要的时候可以颠倒螺旋绷带缠绕的方向。在肘部，绷带须回缠 8 字形，和以上描述的过程极为类似。

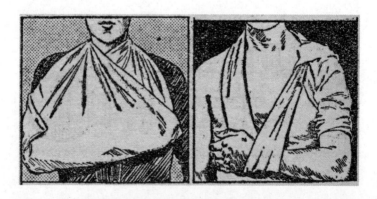

# 如何在水源不足的情况下穿越沙漠

R. 戈登 – 卡明在他 1850 年出版的《猎人南非游记》
一书中描述了一种布希曼人（Bushman）的方法，那就是
大胆偷袭已在当地定居的布尔农民。布希曼人会偷他们的
牛，然后穿过广袤的大漠巧妙逃脱而无须担忧，因为他们
很清楚自己高超的技能让后面追赶的布尔人望尘莫及。

由于布希曼人是徒步行走，因此他们必须用计谋战胜
骑马追赶他们的布尔农民。布希曼人利用沙漠中缺少淡水
这个条件来确保他们在战斗中的优势，他们会一直等到最
热最干旱的时期发起攻击。据卡明记录，布希曼人用以下
这种办法战胜困难。

在直行穿越沙漠时，他们会有定期的计划。依靠他们对这个
国家的透彻了解，无论是白天还是黑夜，他们都能依据地面轻微
的凹凸改变发现水源。在家眷的帮助下，他们会用鸵鸟蛋秘密携
带从遥远地方获得的淡水。因此他们能够在牛群因缺水而警惕性
不高的情况下，大胆地赶走牛群，昼夜兼程。而那些骑马追赶他
们的布尔人需要光线才能识别足迹，因此只能在白天赶路，但不
久便由于马匹缺水而被迫放弃。

这种方法当然需要周密的计划、大量的鸵鸟蛋和应对几乎无边际且无特征的地形情况的能力——所有这些可能会令那些想采用这种方法的读者知难而退。

# 如何保存食品

记住，保存食品对你有百益而无一害，因为：

你能保存一些本来会很浪费地扔掉的水果蔬菜。

你能在这些食品昂贵无比甚至多少钱都买不到的时候为自己提供物美价廉的食品。

你可以提升自己和家人的健康水平。

你的生活中又增添了一项乐趣和有意思的爱好。

而且你帮助国家减少了进口量，因此有助于国家节省财政开支。

以上是西里尔·格兰奇（Cyril Grange）在他 1949 年出版的《家庭食品保存大全》（*The Complete Book of Home Food Preservation*）一书中写到的。这本书是对食品保存的赞歌。格兰奇后来又详述了 10 种方法来保存食品，请注意以下内容：

保存食品包括以下两个方面：（a）杀灭霉菌、酵母菌和细菌；（b）维持状态或密封食品，确保活的霉菌无法进入。这 10 种方法是：

加热——瓶装或者罐装；

烘干——烘干水果和蔬菜；

腌制——腌制水果和蔬菜；

冰冻——冰冻水果和蔬菜；

用醋——酱菜、酸辣酱、调味酱、番茄酱；

用二氧化硫——水果的话，仅用坎普登片剂、亚硫酸和亚硫酸氢钙保存即可；

用糖——果汁、柑橘酱、果冻、凝乳、蜜饯、果酱、糊剂、乳酪、黄油、糖浆和果脯；

用化学品——果汁糖浆（苯甲酸钠）；

用来制作酒——葡萄酒和苹果酒；

用来制作醋——果醋。

在保存得最为广泛也最为有效的食品中，水果当属其一。格兰奇推荐把过剩的李子装瓶之前，应先去皮，对此他提供了两种去皮方法。

"热水浸泡法"：最简单的方法是把水果成堆放到黄油棉布袋里，然后把布袋放到沸水里煮 20 ~ 60 秒钟，时间长短要视水果种类而定。然后取出袋子放到一大盆冷水里，使其尽快冷却。然后就可以用刀削皮或者直接用手指剥皮。

"烧碱法"：这种方法在美国广泛使用，尤其是要给大量水果去皮的时候尤为有效，但是这种方法不能用于过熟或者过软的水果。（用这种方法）必须严格遵照说明。烧碱的作用是使果皮溶解而又不至于伤及果肉。把 4 汤匙烧碱放到一加仑冷水里使其溶解并加热到沸点，就能得到浓度 1.3% 的溶液。注意千万不要把水放进烧碱里，而是把烧碱放到水里。用棍棒搅拌溶液，而且不要让自己的皮肤或者衣服沾上溶液。对于尚未成熟的硬皮水果来说，溶液要浓一些，浸泡时间也要长一些，而对于较软的成熟水果来说，则需要溶液淡一些。

整个过程是：（1）把水果放到金属丝篮或者编织篮中；（2）放在热水中浸泡 10 秒；（3）放在沸腾的烧碱溶液中浸泡 20 秒；（4）然后放在沸腾的清水中搅动 20 秒；（5）最后放到水龙头下用冷水将所有的烧碱溶液冲洗干净。在清洗的过程中，果皮会自动脱落，而果肉则完好无损。

去掉果皮后，格兰奇接着描述把水果装瓶的工序。

以下描述的操作说明适用于所有的水果装瓶……本着同样的目的，即杀灭所有的霉菌、酵母菌和细菌，然后密封，使其不会腐烂变质。

所有操作方法的每一步都要正确实施，具体如下：

准备、清洗和检验瓶子；

挑选并准备水果；

（将水果）装入瓶子压实；

准备遮盖液体；

将瓶子的空隙（用液体）填充满；

调整瓶盖；

用热水，干热或者化学制品的方式对其消毒杀菌；

密封瓶子并使之冷却（至少12小时）；

检验密封性；

储存起来。

如果有读者对花费这么多精力保存水果感到困惑不解，格兰奇热心地加了最后一步：

食用。

# 如何保存雪茄

你可能认为就是傻子也知道如何保存雪茄，但是，正如《卡斯尔的家庭百科全书》（1934）描述的那样："妥善保存雪茄比你想像的更重要。"这本书接着给出了以下建议。

精选的烟草叶极易受周围空气和空气中气味的影响，因为它会吸收环境中的气味。比如说，油漆，尤其是未干的油漆会破坏任何放在周围的雪茄或者烟草的气味。带咸味的海洋空气会彻底毁掉上好的雪茄。

因此，需要用密封的盒子保存雪茄。而制作盒子的最好材料是杉木。

所以，（情况）就是这样：当室内装潢师造访时，任何情况下都不要忘记收起你最好的哈瓦那雪茄，也绝不要带着雪茄到海边。

# 淑女在上流社会如何注意言行举止

有些建议永远适用，这一点我们可以从《淑女礼仪——对女士穿着、礼貌和成就的 80 条箴言》（*Etiquette for the Ladies——Eighty Maxims on Dress, Manners and Accomplishments*）（1838）一书中留给我们的精华来得以证实。

如果你是已婚女士，而且育有子女，永远不要在同伴面前炫耀孩子的早熟。不管人们多么愿意喝彩，毫无疑问，十有八九，这种展示对他们来说都令人反感。

永远不要过分热切地追求时尚，因为那样会让人觉得你除了衣服的款式之外，没有什么好推荐给大家的。

香水可以用，但不要太浓或者喷太多，以至于引起大家的注意。当你使用大量香水的时候，人们很容易认为你使用香水不是单纯地想满足嗅觉器官的需要，而是有特殊原因。

这本权威著作中提供的其他宝贵建议则没有经住时间的考验（没有流传下来）。

在用晚餐期间，女士戴手套是不合礼仪的。而在公开场合，如果不戴手套——比如在教堂或者公共娱乐场所，则毫无疑问是非常粗俗的。有些绅士在握手之前坚决要脱去手套——这有点粗野，淑女是绝对不会犯这样的错误的。

尽管有人提倡穿淡粉色和淡蓝色的丝织物，但穿彩色的鞋子是没有品味的体现。白绸缎、黑绸缎、黑山羊皮或者青铜色的山羊皮制品可以与其他衣服搭配，产生多样的变换。

淑女礼仪中，几乎没有什么比高声刺耳讲话更令人反感——这十分粗俗。正如在莎士比亚时代一样，"温柔"的嗓音依然被认为是"女士身上极好的品质"。

# 如何驯服马匹

　　驯服马匹是一项重要的技能——需要较多的耐心和经验来确保平静、有条不紊。罗伯特·莫尔顿（Robert Moreton）在他 1883 年出版的著作《论驯马》（*On Horse Breaking*）中，首次与大家分享了他对如何不被马击垮的建议。

　　驯马的第一步是把缰绳套到马头上……要做到这一点，有很多流行的方法，大部分都是用暴力。比如农夫想给一匹小马套上缰绳，他与同伴一起把小马赶到畜栏或马厩里。其中一人紧紧抓住这匹胆怯小马的耳朵和鼻子，另一个人抓住它的尾巴，与此同时，三四个人从两边用力推这头可怜的受惊的牲畜。小马会挣扎：早已被吓得惊慌失措又不知道人类对它有何求的小马，会努力试图摆脱紧抓它的人；它会站立，乱踢，啃咬，用前腿踢打。人们一见此情景，包括站在跟前的农夫，都会一致认为这是一头野兽，必须用同样野蛮的方式对付。然后，人们会用扫帚或者是干草叉把暴打小马，扭住它的尾巴。尝试所有让小马痛苦的方式后，人们并没有征服小马，恰恰相反，这匹小马几乎快被逼疯，不停地挣扎、反抗直到战胜危害它的那些人。 此时，农夫和他的同伴会进行讨论，最后用计谋给这头凶猛的牲畜套上缰绳，但是，终其一生，它都会非常残暴，又或者紧张羞怯，因为它永远都不会忘记它与人类的第一次接触和它当时所经历的粗暴对待。

莫尔顿紧接着说明了给马套缰绳的正确方式。

应该把准备套缰绳的小公马或者小母马静静地赶到畜栏、马厩或者散放圈，动作越轻越好——最好的方式是牵着一匹老马，努力诱使小马跟随……在牵走老马而关闭马厩之后，马厩里面应该只留一个人，此人的目的是要努力让马走进开着门的散放圈——留在马厩中的人必须保持安静，让小马到处嗅嗅，视察周围的环境……重要的是时间；这个过程需要很长时间……渐渐地，小马离散放圈越来越近，可能会完全出于好奇走进散放圈去一探究竟。现在是你出手的时候了，尽可能轻快地走上前去关闭散放

圈的门……现在你最好离开，让小马独自在那里待上半个小时左右，这样它就能适应它的新住处了。

选一条有长"柄"的缰绳，然后打个结，以防小马发觉自己被拴住而拉拽绳子时鼻羁伤到嘴部。此时，(你)可以走进散放圈，关住门，刚开始靠近小马时最好不要牵着缰绳，不要让缰绳挡住小马的路。不到万不得已，胳膊尽量不要有动作，因为会吓坏小马；你每往前走一步，动作都要缓慢、轻柔；如果你每分钟只走一步，效果会非常好；每个动作都要从容、平静、温柔。现在小马一定会盯着你看，不知道接下来会发生什么事。说一些安慰它的话，温柔缓慢地靠近它。看着它，但是不要用那种凶狠的目光盯着它的眼睛。人们经常用这种凶狠的目光，是因为他们觉得这样就能驯服最野蛮的动物。

有些小马会让你直接抚摸头部而不躲闪，有些小马——我觉得大部分是这一类——会把尾部朝向你。总之，无论它们希望你最先抚摸的是哪个部位，你都必须逐渐地移动直至掌控它们的头部。

现在既然小马允许你在一定程度上掌控它，也发现你不会伤害它，你就可以离开它（就像你靠近它那样，动作要轻柔），去取刚才挂起来的缰绳了。尽量不要急促，也不要猛抬手臂。把缰绳的"绳柄"盘起来，左手抓住，而靠近小马的绳子必须用右手抓住。和先前一样轻柔地靠近小马，和它说一些宽慰的话语……在抓住缰绳之后，手指慢慢松开绳子，这样绳子就会落到小马脖子的另一边；当松到 18 英寸到 2 英尺 [1] 距离的时候，你会看到绳

---

1　1 英尺 =0.304 8 米。

头从小马脖子的另一边垂下来。在此期间你要一直压低马脖子直到你的手能靠近绳头，轻轻拿起绳头拴住离你较近的这一边，这样就围着小马脖子做好了一个绳套。

　　下一步是右手抓住缰绳操控小马，而左手努力把缰绳拉到小马头上。当缰绳靠近小马鼻子的时候，它会摆头，躲闪，而且第一次感到有绳子束缚在它脖子上，它会挣扎，努力想把你拖到马圈的另一边；但是它很快就会屈服，然后你就能轻而易举地把缰绳拉到它头上，然后解开小马脖子周围的"绳柄"；一切就绪。

　　如果时间充裕，在把马笼头安到马头上之后，你可以牵它一会儿，然后把食物和水放到它能够到的地方，让它在这一天剩下的时间里都自己静静地待着，以适应新头套。

　　一旦打赢了第一场仗，缰绳也拴到位之后，就可以进行驯服马的任务了。

　　第二天，你可以在散放圈静静地牵着小马，用手喂它精选的稻草或玉米来增强你们之间的亲密度，然后你可以把绳子拴到马笼头上牵住它。当它发现自己被拴住之后，一定会挣扎。因此，你不能离开它；因为如果你前面的准备工作都做得恰当到位的话，它肯定已经把你当成了朋友而不是敌人，当它听到你说一些安慰和鼓励的话时，就会逐渐安静下来，很快不再抗拒。

　　这样就开始了把各种设备（马勒、马鞍、马镫等）"引荐"给小马的漫长又稳定的过程，每天进行一点点，辅以抚摸、聊天和轻拍等来拉近骑手和马之间的距离。然后慢慢教会马围着骑手转圈，行走或者慢跑，在此期间都要用长绳拴着马勒。逐步训练，直到马熟悉了马勒和马鞍，很高兴地围着骑手转圈，而且听到命令就能停下。然后，骑手就可以尝试第一次上马了。

左手抓住缰绳，身子的左面靠近马肩，把左脚放到马镫里，然后慢慢用力，不久，你就站到马蹬里，双腿离地。你必须仔细观察马的每个动作，轻柔地和它说宽慰的话。在马镫上站了几秒后，下来站到地面上，然后重复几次这个上去下来的过程，直到小马看起来很习惯了，然后你轻轻地伸右腿跨过它的背部，但是务必小心，不要碰到小马，然后把全身的重量放到右手上……当右腿跨过马背后，轻轻放低到恰当的位置，确保在你轻柔地坐到马鞍上之前，都不要碰到马的侧面，然后把脚放到马镫里，这样你就坐上去了。此时不要试图让马前进而前功尽弃，而是要静坐不动，和马说话，轻拍它，极尽所能地让马安定下来，让它能够适应你可以随意对待它（如坐到马背上）的情况。

莫尔顿揭示了驯服马匹所需要付出的精力和耐心，这种技术现在仍在使用，而且和这里描述的一百年前的驯马技巧非常相似。

# 如何利用水蛭吸血治病

千百年来，人们一直在医学上利用水蛭来为病人放血治病和稳定病人的情绪。《病人家用内外科医疗、住院护理和烹调指南》一书推荐使用以下类型的水蛭。

医学上使用的水蛭被称作"欧洲医蛭"，以和其他种类的水蛭（如马蛭和里斯本水蛭）区分开来。这种医用水蛭黑褐色，长2~4英寸，背上有6个黄斑，两边各有一条黄线。

找到并收集了正确种类的水蛭，病人就要准备接受治疗了。

在把水蛭用到身体的某个部位之前，必须把水蛭的绒毛全部刮除，并把泥土、擦剂等全部小心地清洗干净。如果水蛭处于饥饿状态，它很快就会啃咬；但有时要让它吸血却需要费不少力气。在这种情况下，把水蛭放到一些黑啤酒里，或者用一些血、牛奶、糖水浸润患者皮肤表面。然后，可以用亚麻布条或者玻璃杯把水蛭放到需要进行治疗的部位。

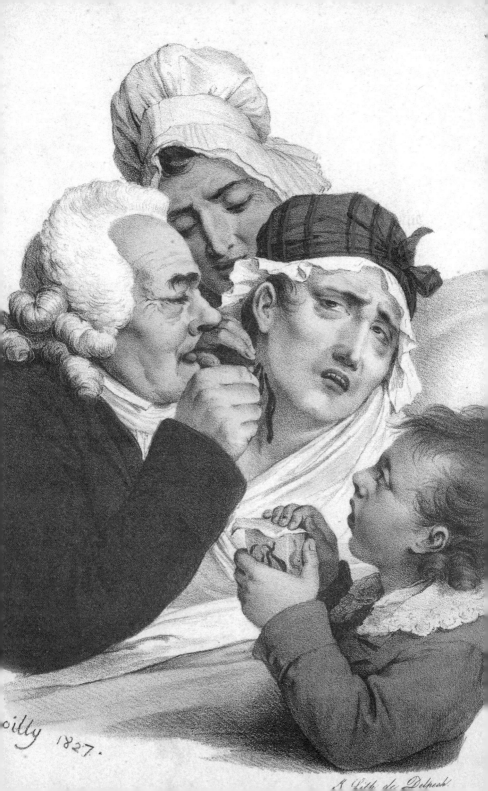

当在敏感部位使用水蛭的时候，建议谨慎行事。

当涂抹以上液体的时候，必须小心地使用水蛭玻璃杯，因为它们很可能顺着病人的咽喉爬下来。一根大的天鹅羽毛可以起到水蛭杯的作用。

治疗一旦结束，就要把水蛭取走。

如果水蛭吃饱了，它们自己就会滑落；千万不要把水蛭从人体硬拽下来，用潮湿的手指尖蘸盐触摸水蛭即可。

## 如何戴孝服孝

　　维多利亚时代的人对服孝礼仪尤其考究，围绕着服孝礼仪有相应的特殊服饰和严格的规矩，这些事项也与悼念时间的长短有关。《历史上各式各样有关服孝着装的注意事项》（*Notices Historical and Miscellaneous Concerning Mourning Apparel*）（1850）一书就对服孝所用的不同颜色进行了描述。

　　在不同的国家，服孝的方式多种多样，因此丧服的颜色也大不一样。对于整个欧洲地区来说，服孝常用的颜色是黑色；在中国，是白色……以前在卡斯提尔，王公去世后服孝普遍用白色……每个民族的人们都自称他们服孝所用的特定颜色是有原因的：白色表示纯洁；黄色代表死亡是人希望的终结，因为树叶飘落的时候是黄色，花朵凋零的时候也是黄色；棕色指泥土，无论逝者身在何处，亡灵都能返乡；黑色代表失去生命，正如失去光明一般；蓝色则表示了希望逝者能享受到幸福；紫色或者紫罗兰色，因为是黑色和蓝色的混合，一方面指悲伤，另一方面指希望。

作者顺便提到了以下内容。

教皇的侄女和外甥女从不服孝，即使是她们最亲近的亲戚去世也不服孝。因为罗马人觉得家族中出了教皇是至高无上的荣耀，必须保证没有什么事情能折磨这位圣人的家族。

这本书也包括了对奇特的宫廷服孝礼仪的略述，内容引人入胜。

自1714年汉诺威王朝登上王位以来，官方正式发布的宫廷服孝的规矩一直延续到今天，而这些规矩和一个世纪之前非常相似。以下就是1841年6月29日刊登在《伦敦公报》（*London Gazetle*）上的关于汉诺威王后（她是当时在位君主的婶母）去世的通告：

7月6日，宫务大臣部命令宫廷从7月8日周四开始，为去世的汉诺威王后（女王的婶母）进入服孝期，即：

女士穿黑色丝绸、带边饰的或者素色亚麻布料衣服均可，戴白色手套、项链和耳环，穿黑色或者白色的鞋，带扇子和披肩。

男士穿黑色的、带边饰的或素色的亚麻布衣服，佩戴黑色的宝剑和带扣。

在22日周四，整个宫廷要立即更换孝服：

女士穿黑色的丝绸或天鹅绒衣服，带扇子和披肩，或者穿纯白色、白色配金色、白色配银色的衣服，系黑丝带。

男士穿黑色上衣，黑色、纯白色、白色配金色或者白色配银色的马甲，衣服要全部锁边，带暗色的宝剑和带扣。

29 日周四，整个宫廷立即结束服孝。

理查德·戴维（Richard Davey）（1889）所写的《服孝历史》（*A History of Mourning*）一书包含了这样的信息：服孝的长短取决于死者的身份地位。

根据宫务大臣部的记录，以下是宫廷服孝的规矩：

国王或者王后的去世——戴全孝，8 周；戴孝，2 周；戴半孝，2 周。总共三个月整。

国王的儿子或者女儿去世——戴全孝，4 周；戴孝，1 周；戴半孝，1 周。总共 6 周。

国王的兄弟姐妹去世——戴全孝，2 周；戴孝，4 天；戴半孝，2 天。总共 3 周。

国王的侄子侄女或者外甥外甥女——戴全孝，1 周；戴半孝，1 周。总共 2 周。

国王的叔伯舅舅或者姑姨去世——同上。

国王的第一个表堂兄弟姐妹去世，10 天；第二个表堂兄弟姐妹去世，7 天。

通过对服丧制定严格的规矩，维多利亚时代的人达成了哀悼方式的统一，也因此阻止了不必要的感情宣泄。不幸的是，官方宣布结束服孝并不意味着哀悼的结束，正如维多利亚女王自己那样，据证实，她终身都为去世的丈夫服孝。

# 如何切肉

正如"一位老管家"所著的《家务管理》一书中记述的那样，直至 1877 年，切割周末烤肉的任务仍未受到足够的重视。

当前，切肉艺术在很大程度上被大家疏忽了，尽管它对每个家庭过得舒坦和节约开支来说都非常重要；恰到好处地切割烤肉，不仅能够满足聚会上每位成员的选择，还能够很好地利用剩余肉料做下一餐。

幸运的是，这本书包含了一系列保证切肉成功的秘诀。

要确保干净利落地切肉，必须具备一些基本条件：刀子要锋利，刀身中等尺寸，不要太笨重。

应该把要切的肉放到一个足以翻转烤肉的大盘子；同样应把盘子牢牢固定在桌子上，位置要靠近切肉者，和切肉者之间的距离刚好能放下盛放烤肉的盘子即可。

在去除内脏之前，要恰当切分羊肉、羔羊肉和小牛肉的腰部、胸部和脖颈，不然，就是最熟练的切肉者也会遇到麻烦。

切烤肉的时候，不要把客人的盘子装得满满的。如果某块肉和骨头粘连特别多，那么可以从两块骨头上剔下一片肉来。

在切牛羊烤肉的时候，要紧挨着骨头剔肉。更坚硬的烤肉，如牛股肉或者牛里脊应该切成片，甚至是薄片，切火腿也是如此。

处理了比较容易切的部分，作者接着推荐了处理比较棘手的部分（如牛头）的好办法。

切牛头的时候应该让刀紧挨骨头，穿过牛眼下面的部位，从鼻子到脖子纵向切。胸腺位于脖子后部宽厚的部分，这些宽厚的部分应该切成薄薄的短肉片和胸腺一起装碟。牛头上最美味的肉是耳朵下面紧挨着牛眼的部分和脸颊侧面。牛头和牛脑要单独装碟。

## 如何在梦中看到未来的丈夫

对于那些觉得网上约会是艰巨任务的人来说,默林(Merlin)的著作《魅力和礼仪指南:大家都有实现梦想的机会》(*The Book of Charms and Ceremonies: Whereby All May Have the Opportunity of Obtaining Any Object They Desire*)(1892)提供了以下神秘的建议,能够帮你从见面约会中解脱出来。

在圣安德鲁节的前夕,女孩必须从一名寡妇那里要一个苹果,而且不必答谢。然后把苹果切成两半,在午夜前吃一半,在午夜后吃掉另一半;那么在睡梦中,女孩就能看到自己未来的丈夫。

# 如何治愈头痛

威廉·特纳（William Turner）所著的《新草本志》（*A New Herball*）（1551）一书提供了以下治疗头痛的方法。

要想减轻某人的头痛，就要设法让他的鼻子流血。找一些红荨麻籽，用研钵研成末，然后用鹅毛吹粘一些送到他的鼻孔里。

如果找不到荨麻籽，把一整棵西洋蓍草或者白亚麻塞到鼻孔里，向外轻轻揉搓鼻子，鼻子就会流血。如果是冬季，找不到荨麻籽等物，又想缓解头痛，那么找两条麻绳先紧紧地捆住膝盖附近，然后提到人身高一半的高度，然后松开，然后再捆住。

如此反复约 15 分钟，并用同样的方式处理他的手肘，就能把头里面的血逼出来。治疗时应多注意，以防四肢留下淤青。

# 如何把大象腿制作成实用的物品

如何妥善处理大象腿是非洲、印度、锡兰等地冒险家普遍遇到的一个麻烦。象腿是大象身高的标志，因此和象头一样，是公认的战利品。它被看作战利品还由于以下原因：通常情况下，很难运输这种身躯庞大的野兽的皮；而且尽管大象皮可以制成不计其数的家用物品，人们并不总认可它的价值。而大象腿就不存在这种问题了，象腿尤其适合制作成有用的物品，而且不会损坏它的自然形态和结构。

罗兰·沃德在他的著作《冒险家手册》中就是这样论述的。查尔斯·麦卡恩（Charles McCann）在他所著的《猎人袖珍手册》（*A Shikari's Pocket-book*）(1927) 一书当中建议："大象腿可以制成实用的战利品，如板凳或者废纸篓。"沃德紧接着描述了制作方法。

如果是前腿，应该在所谓的膝盖（也就是膝关节）处或者离地面至少12英寸的地方切断，如果有必要的话，切口的方向从腿后面向下；之后，要把大象皮从肉上剥下来。剔除每一块肉，如果有残留的话，容易腐烂，那时就不可能摆脱腐烂气味了。如果有条件的话，用石碳酸溶液清洗象皮内侧，或者在象皮的内外面都涂上粉状的防腐剂。然后把象腿放到阴凉处晾干，注意象皮上不要有折皱，而且所有的部分都能接触到空气。尽管不是完全必要，但我们希望象皮在风干的时候保持自然的形态。把一个大瓶子或者一块木头插到象皮中间，周围填充干燥的沙子并夯实是一个好办法，这样就能扩充象皮，使其尽可能地保持自然的形态。

现在，针对把曾经威严神圣的野兽变为实用的家用器具的一系列秘诀，沃德给出了以下建议。

犀牛的保护盾或者保护甲——犀牛身上褶皱之间的厚厚的皮层——应该整个取出，用于制作桌面、托盘、箱子、墨水台、棍棒、鞭子等。如果这些物品能够在干燥的地方保存，不受热，不受潮，就能一直保持原状，不会变形。

# 如何保持口气清新

《化妆宝典》一书中描述了口臭的可怕并给出了有关的补救方法。

如果女士们意识到熬夜、不断加热的饭菜、热而拥挤的房间和其他损耗精力的不利因素会对呼吸产生影响，她们就会震惊地发现自己竟会无意中冒犯到那些本该取悦的人，甚至会让对方感到厌恶。同样的话也适用于男性，他们可能会有喝酒的习惯，饮酒量说不上过多，但也超出了需要。早上醒来，他们的身体会发热，舌头上长一层白色的舌苔；胃里涌上一阵阵热气，呼吸气味难闻。当这种生活模式持续一段时间，健康状况持续下降，呼出的气中就会充满胃里散发出来的臭气，让人无比讨厌。

最有效的口气清新剂来自健康的身体，这通过改善我已经指出的因素就能实现；但是对于胃部有臭气和发酵味的人来说，能消除这种臭气的物质就只有消毒氯化物了。所有用来漱口的香水，如儿茶（金合欢树汁）、麝香、龙涎香、乳香、鸢尾根或其他可以咀嚼的物质，它们起到的作用不过是把自身浓重的气味与从胃里散发出来的臭味混合在一起，制造出一种比不用香水时更难以忍受的令人作呕的混合气味。

如果说使用漂白粉溶液太残酷的话，那么仅使用苏打氯化物浓溶液就可以了……可以独自在洗手间完成。取一酒杯纯净矿泉水，滴入 6 ~ 10 滴这种溶液，待早上洗漱工作完成后立即喝下，会即刻获得清新的口气，而且不会对胃产生消毒作用。喝了这种药，胃部不会受损，反而会受益。

## 如何祛除雀斑

在维多利亚时期，雀斑被看作一种瑕疵和缺陷。这很可能是由于雀斑通常和在户外劳作而更容易被暴晒的下层阶级关联在一起。维多利亚时期人们的理想容貌是皮肤白皙，为了实现这种效果，《花一先令就能买到的实际收益》一书推荐了以下祛除雀斑的小窍门。

取一品脱安息香酊、半品脱多肽试剂和 1/4 盎司 [1] 迷迭香混合搅匀。把一茶匙这种酊液混入半及耳（一品脱为四及耳）水中，把毛巾用这种酊液浸湿，然后每天早晚充分地揉擦脸部。

---

1　1 盎司（英制）= 28.413 毫升。

# 如何在没有冰箱的情况下生存

从前，英裔印度人是如何在没有冰的情况下维持生计的，以及那些现在仍住在乡下的人又是如何在没有冰的情况下生存的，对于今天很容易就能使用冰库的人来说是个谜——他们已经认为冰绝对是生活中必不可少的用品，偶尔有几周供应不足，就会悲叹艰苦难耐。在有冰库的镇上（有些镇在凉季有一两个月的时间是例外），每个家庭每天都要消耗几磅冰，人们几乎不喝没有预先放冰块降温的水；而白酒和啤酒也要为了保持凉爽而放在冰盒子里。

埃德蒙·C. P. 赫尔在他 1874 年出版的《欧洲人在印度》一书中写了以上内容。紧接着，赫尔描述了冰的重要性和给人的奢侈享受，这是今天随处都能见到冰箱的我们难以想象的。安德鲁·温特（Andrew Wynter）在他 1866 年发表的题为《我们辛勤的社会工作者》（*Our Social Bees*）一文中描述了当有孩子问他杯子中的冰从哪里来的时候他可能会做出的回答：

在很遥远的新大陆，有一个长在深山中的巨大的杯子，有几百英尺那么深。这个杯子通常装满了晶莹剔透的水，这水在冬天就会冷冻结冰，巨大的船只驶来这里，把它运到世界的每个地方，这样，每一个人，当他和你一样感到酷热难耐的时候，就能品尝到一丝可口的冰凉。

多数情况下，这个孩子很可能以为我们在给他讲神话传说，做梦都想不到我们所说的是每天的实际情况。这只水晶杯指的是文翰湖（Wenham Lake），位于马萨诸塞州新罕布什尔的山谷中。这个湖不大，面积仅有500英亩[1]，湖水由发源于山脚的泉水供给：里面的水是如此纯净，以至于分解鉴定的时候，无论是悬浊液还是混合液当中，都检测不到任何异质元素。

温特紧接着解释了19世纪的冰农场是如何给欧洲人供应足够的冰，让他们的饮料整个夏天都保持凉爽的。

但是，这里的水结成的冰在后来闻名世界，尤其是享誉英国，并不仅仅是因为其水质纯净：在美国也有很多这样的湖泊能生产同样优质的冰，这些湖泊实际上可以被称为冰农场，供国内消费；而文翰湖生产的冰之所以如此出名的真正原因是文翰湖的位置靠近海滨，这让它所属的公司能够轻而易举地把冰运到世界各地。这个湖在波士顿东北方向18英里[2]的地方，通过有支线直达此湖的东方铁路运输，不到一个小时就能到达波士顿的码头。因此，从实际目的考虑，可以说这冰就是在货船旁边结成的。

---

1　1英亩约等于4047平方米。

2　1英里约等于1.609千米。

自此以后很长时间，美国的冰块贸易达到了我们想象不到的规模。美国人在冬季消费的冰量和夏季几乎一样多。每顿饭的饭桌上都有冰，这是他们所有饮料的组成部分。在英国，酒店老板会告诉你 2/3 的顾客点的是热白兰地加水；而在美国酒类专卖店，人们通常点的都是一杯加了冰球的雪利酒、鸡尾酒或薄荷朱利酒，但是不论是哪种酒，都含有冰。

　　冰在美国的总消费量一定是非常惊人的，因为在波士顿一个城市每年就消费 5 万多吨冰——这比整个英格兰的消费量多得多。因此，在美国，冰的产量对于整个国家来说具有重要意义；因为它更容易因天气改变而遭到破坏，甚至比稻谷更容易受影响，因此，在切割和储藏冰的时候用了十分精巧的设计，其速度和规范与我们处理国产冰的简单粗暴方式（即用竿子将冰敲碎，铲挖不规则的冰块的做法）形成了鲜明对比。

　　紧接着温特描述了如何采冰。

　　首先，正式开始采冰行动的标志是在光滑的冰面上划出 3 ~ 4 英亩范围的区域；这条界线是由一个又小又锋利的手钻沿着冰面切割而成的，在切割过程中会扬起发光的冰屑。这条 2 ~ 3 英寸深的界线可以用来指导马拉的做标记的机器，机器从这条线旁边穿过，切割出相隔约 21 英寸的平行的两条线。之后划出类似的线，直到整个冰面都做了这样的标记。现在，马拉着犁将这种凹槽加深到 6 英寸。从恰当的角度可以进行类似的过程；这样在切割完毕后，整个冰面就被切成边长约 21 英寸的正方形了。

　　下一步是把这些冰块分离开，然后把它们捞出水面。为了实现这一目的，需要使用一种特殊的锯子，如果能够切下一整行正方体，剩下的部分借助冰铲（一种楔形工具）就很容易分离，使其浮出水面。这种冰铲一接触凹槽，这些冰块就裂开了，非常容易——但天气严寒时才能实现这个效果，否则就没那么容易了，因为冰融化时很难处理。现在要把漂浮的冰块封装保存；为此，要在冰块边缘建一个较低的平台，这个平台上要有能浸到水中的铁质斜面。送冰人十分灵巧地挥舞冰钩，将这些巨大的冰块猛拉上这个斜面。当平台上装满冰块后，冰块会被转移到雪橇上，拉到围湖边建的冰库里。

冰库本身就值得注意；冰库主要由松木做建造材料，墙壁是双层的，两墙相隔大概两英尺，中间填满了锯末这种完全不导热的材料。

当需要装运冰时，要用密封的卡车装载，卡车会立即沿路线将冰块运到波士顿，甚至直达货船。当把冰块装到船上后，人们会用锯末小心翼翼地把冰块包装起来，尽可能避免接触外面的海风。但是，尽管尽最大的努力做了所有可能的防范措施，浪费1/3甚至一半的现象也时有发生。

把冰块运到目的国家后，再把冰块储存在公司的仓库里。这些仓库建在支撑滑铁卢路的拱座下，这些拱座靠近桥的部分至少有40英尺高、70英尺长……那些好奇的旅客，也许会想一探这些仓库的真面目，却发现除了大堆大堆的锯末之外，什么也看不到；但是从他嘴里呼出的哈气能让他意识到周围的低温。在这个季节，有时这里能储存将近2 000吨冰，而且其重量不会损失太多。

这种对旧时开采和储存冰块的回忆提醒我们，我们现在的生活有多么现代化，只要溜达到厨房打开冰箱，就能找到需要的冰块。但不知怎的，总觉得这种方式与用不远万里穿越陆海运来的美国湖冰给饮料降温的方式相比，就没那么奇妙了。

# 如何熏制培根

《如何熏制培根》（*How to smoke your own bacon*）
（1864）一书记录了自己在家里熏制猪肉的方法。

取猪的肋部或者腰肉，注意这种猪要用优质饲料饲养，而且
重量不超过 160 磅，然后把以下调料充分混合搅拌：

| | |
|---|---|
| 碾碎的海盐或者石盐 | 1.5 磅 |
| 粗砂糖 | 1 磅 |
| 切碎的青葱 | 1 盎司 |
| 硝石粉[1] | 1 盎司 |
| 香叶 | 2 盎司 |

用这些调料充分揉搓肉的两面，至少一周时间内，隔一天翻
一次面，然后加入普通食盐和蜜糖各一磅，每天揉搓，至少一周
时间；接下来的一周时间里，只需抹调料和翻面即可，然后将肉
吊起，用粗布包裹风干，把豌豆粉和米糠等量混合均匀，用这种
混合粉充分揉搓整块肉，然后把肉挂起来，用以下材料把肉熏制

---

[1] 硝石即硝酸钾，是一种有很多用途的化合物，既可以用作食物保存，也可以
用来制作火药。如今保存食物使用这种化合物的情况并不多，因为它不如别的硝
酸盐稳定，但是在欧盟当中用到的时候，它的编号是 E252。

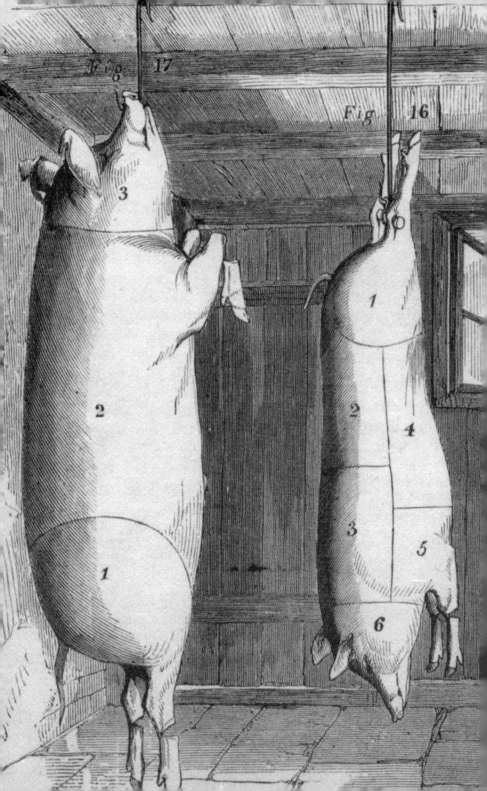

Fig. 17

Fig. 16

三周：

| | |
|---|---|
| 橡树枝或者锯末 | 2 份 |
| 干蕨类 | 2 份 |
| 泥炭或者沼泽土 | 2 份 |

　　然后把肉装到火腿箱或者熏肉箱，再把箱子埋在麦芽屑[1]和炭粉里，储存三个月或者三个月以上，肉绝不会变得腐臭。

---

1　枯萎的麦芽根。

## 如何拔罐

现在，人们普遍认为拔罐是好莱坞保健热的体现，但是据《病人家用内外科医疗、住院护理和烹调指南》一书所述，维多利亚时代的人使用拔罐这种疗法治疗多种疾病。

取一张在烈酒里蘸过的纸，然后在酒杯当中点燃，将酒杯倒扣在身体的某个部位上（如脖子、两鬓等）。这是干性拔罐，能把肌肉吸入杯子，让血都凝聚到这个部位，对于治疗头痛和其他很多疾病都非常有效。这是一种可以吸取蜷蛇、疯狗、鱼类等咬伤的伤口毒液的极好的办法。

这本书也进一步详细描述了增加血流量的方法。

普通的拔罐就是干性拔罐，但是也有例外，有时可以用小刀不断刮擦或者用针刺某个部位让血流出来。然后再把盛有点燃纸张的杯子倒扣到这个部位，当吸出足量的血之后，擦拭出血部位，然后把一片膏药敷到皮肤上。

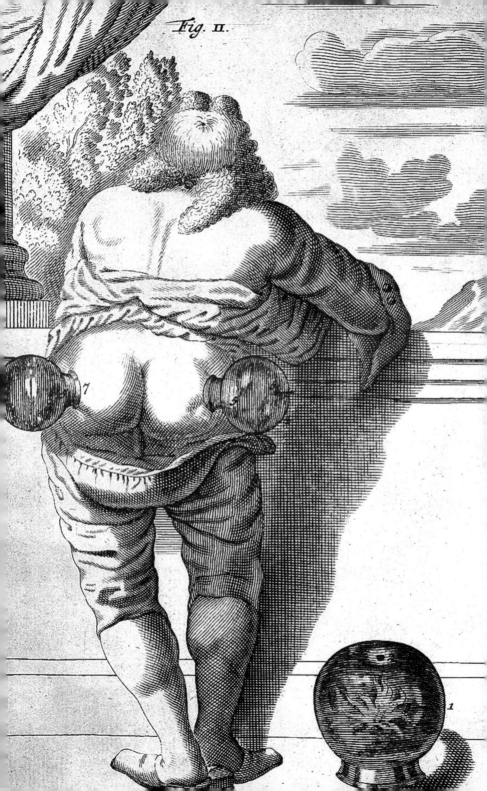

*Fig.* II.

# 如何摆脱跳蚤

大部分人都觉得跳蚤是一种令人讨厌的生物，若家里跳蚤横行，会令人极其头疼。埃德蒙·C. P. 赫尔在他1874年出版的《欧洲人在印度》一书中提供了一种有些蛮干的把跳蚤赶出房子的方法。

毫无疑问，跳蚤也算是印度的一种瘟疫。刚刚腾空的房子很快就会被跳蚤占领，其速度之快令人难以置信，进入这个房子的人在几分钟之内，全身就会黑压压地爬满跳蚤……要从空房子中把这些害虫赶出去，我听说有两种可用的古怪应急手段，我会在这里提一下，但觉得哪个都不能推荐使用：（1）在房子的地面上铺一层稻草，然后把稻草点燃；（2）把一群牛赶进房子，再赶出去，这样就能把跳蚤带出去了。但是，在第一种情况下，整个房子都可能会烧毁；在第二种情况下，房子会被破坏，而人们所讨厌的跳蚤这个肇事者却没有得到任何有效的处理。

# 如何像维多利亚时期的绅士那样拜访别人

维多利亚时期的人围绕拜访创造了无数繁文缛节，留名片的传统则令这些礼节更加复杂。1843 年出版的著作《绅士的礼仪》简明地总结了如何"踩这个雷区"的方法。

一般情况下，拜访别人，只留下一张"过去拜访某人时递上的"名片即可。如果对方家里还住着已婚回娘家的女儿、尚未成家的姐妹、临时来访的客人或者其他与这个家的女主人地位明显不同的任何人，你都要留下两张名片，双方各一张。如果你只和该家庭夫妻中的一方熟悉，而你希望说明你拜访了双方，那也要留下两张名片。

借人雨伞要归还，受人拜访也要回访。但是在回访别人的时候，有时并不需要你亲自去——留下一张名片就足够了。

更多关于拜访礼节的细节可以参看 1900 年出版的《男士女士的全套礼仪：上流社会礼仪宝典》（*Complete Etiquette for Ladies and Gentlemen: A Guide to the Rules and*

*Observances of Good Society*） 一书。

　　首次拜访，即认识新人的拜访，通常是由社会地位较高的人士开始的，社会地位较低的人首先采取行动去拜访是非常失礼的，除非是在乡下，乡下的老居民会首先拜访新来的住户。

　　初次拜访，尤其在伦敦，通常情况是只留下名片就可以了。如果是这样的话，之后就要用同样的方式回赠名片。但如果拜访是实际意义上的，比如来到家里拜访，那么隔两天后就能回访了。普通拜访的回访时间一般是三周以内，回赠名片一般在两周之内。对于一般的熟人来说，每个季节拜访一次或者复活节前拜访一次、复活节后的季节拜访一次，就可以了。

　　白天的拜访（这样称是因为拜访要在晚饭之前）通常要在 4 点至 7 点之间进行……通常下午的拜访时间大概持续 20 分钟。

　　至于名片的外观，1876 年出版的《如何招待客人；或者访客应注意的礼仪》（*How to Entertain;or Etiquette for Visitors*）一书提供了以下建议。

　　女士的名片既可以是精装的也可以是平装的。有些人在名片上的名字之前会省略"女士"一词。这是简洁朴素的表现，让所有的表面装饰都看起来微不足道。

　　有时女士在名片上只写教名和姓氏，尽管这在欧洲大陆非常流行，在英国社会却是鲜为人知的。

# 如何处理和治疗蛇咬的伤口

世界上许多国家的人都认为蛇（对人类）是一种威胁。它们会悄悄爬进房子，藏在安静的角落，等待毫无防备的主人不知不觉地走进它们的视力范围。今天的医护人员通常都配备治疗蛇毒的解毒药，因此蛇咬对人体造成的威胁有所减轻。但是，回到旧时代，对蛇咬伤的处理从某种意义上说是临时应付的，正如埃德蒙·C. P. 赫尔在他1874年出版的《欧洲人在印度》一书中所描述的情况一样。

尽管还没有发现治疗蛇毒的解毒药，但是可以尝试采取一些措施来拯救被蛇咬伤之人的性命。首先，在伤口以上几英寸的位置用绷带或者绳子紧紧捆扎；把咬伤的部位毫不留情地切除，或者用小刀多划出几道伤口放血。如果切除的部位在手指或者脚趾上，不要担心流血不止；如果流血过量的话，用大拇指紧紧按压一会儿就能止血。现在要把烧红的烙铁，以及硝酸或者石碳酸压到伤口上，如果患者不想切除被咬部位或者切开放血的话，也可以在一开始就使用烙铁或者硝酸、石碳酸等处理伤口。也可以尝试用嘴从伤口里吸出毒液，但是务必保证吸毒液的人嘴里或者嘴唇上都没有任何伤口。

立即往伤口上滴 20 滴用水稀释的氨水；要不然就倒上半杯白兰地或者朗姆酒，每一刻钟重复一次，直到产生反应。要把芥末膏或者浸过液态氨的布片放到胃部和心口上；也要鼓励患者稍微走动，来克服这种情况下通常会袭来的阵阵睡意。

# 如何解读痣的意义

1750 年出版的《一便士就能买到九便士的智慧》(*Nine Pennyworth of Wit for a Penny*) 一书告诉读者如何通过观察痣的位置来预测未来。

脸上的痣以及身体其他部位上长的痣对于预测好运还是霉运意义重大。

前额左边长痣表明当事人会通过耕作、建房和种植发家致富。

前额右边长的痣预示着生活幸福美满，夫妻恩爱。

前额中部的痣表明当事人有病痛或者其他苦难。

太阳穴左面长痣，不分男女，都预示着当事人会在前半生经受失败和苦难，而克服之后会迎来幸福。

眼眉上的痣意味着可以快速结婚并且能找到一个好夫婿。

左面脸颊上靠近耳根部的痣意味着财产的损失和儿女们会带来苦难；女人在分娩时可能会有生命危险。

鼻子上的痣预示会养育很多孩子，当事者生育能力强。

右嘴角靠近下巴部位的痣，不论男女，都预示着幸福的生活；但是在左嘴角的痣则意味着会有私情以及会由此造成种种损失。

左肩上的痣意味着劳作、游历和悲伤。

# 如何安放日晷

《卡斯尔的家庭百科全书》一书描述了安放日晷的建议，可以说，这个建议除了要求略高之外效果是非常棒的。

日晷安放在柱子的顶部，用4个螺丝拧在嵌入混凝土柱帽的木块上。安放日晷的时候，指时针应该指向南北方向，最高点指向北方。

针对某一特定位置制作的日晷对于不同纬度的另一位置来说是毫无用处的。在放置日晷之前，首先有必要弄清太阳比时钟转得快还是慢。日晷显示的是视时，而时钟测算的是平均时间，因此如果将一个运转完好的时钟与日晷视时调试一致，那么在一年当中仅有4天时钟与日晷的指示完全一致。太阳日指的是太阳连续两次回归子午线之间所需的时间。太阳到达天空最高点的时候，也就是太阳在地平线上最高点的时候，时间是真正的中午。在钟表指示12点的时候，有时太阳可能比钟表指示的时间滞后14分28秒，其他时候太阳可能比钟表的指示时间提前16分18秒。平均时间通常是钟表显示的时间，用一年的太阳日加和取平均值获得每天的24小时。把日晷安放到平台上，反复移动日晷，直到日晷上的指时针投射的影子在几分钟内就能显示正确时间。

　　读取日晷显示的时间时，应该站在日晷的北面。午前或者上午的时间显示在日晷的右手边，而下午的时间显示在日晷的左手边。在正午，指时针的影子会落在 12 点的两条线之间。

　　当把日晷调到正确的方位时，穿过日晷上的孔在平台或者顶石上做记号，便于拧螺丝用。最后，在正午 12 点调节固定日晷。当然了，也可以在其他时间固定日晷，但是正午 12 点是最好的时刻。日晷和钟表每年只有 4 天完全一致，这 4 天大概是 4 月 15 日、6 月 14 日、8 月 31 日和 12 月 25 日。如果在这几天或者这几天前后阳光明媚的话，要固定日晷是非常方便的。

# 如何拒绝求婚

1865 年出版的《求婚与结婚礼仪》（*The Etiquette of Courtship and Matrimony*）一书建议女士在断然回绝求婚者的时候要尽最大可能地小心谨慎。

当女士拒绝男士求婚的时候，她的言行要体现出最微妙的感受，因为该男士在向她伸手求婚的时候，已经暗示他喜爱她胜过其他所有女士，他在他能力范围内给了她最大的荣誉和尊重。因此，即使女士对男士并无爱慕之心，也应该至少温柔地表现出对他感受的尊重。

没有任何一位女士会把拒绝一位配得上自己的男士的求婚当成一种胜利：在这样的场合，她应该对男士不可避免的痛苦感到遗憾和同情，而这种痛苦是她不得已造成的。而且，与这种回绝相伴的必然是女士某种程度上的自省，分析是不是自己有过任何轻浮的行为或者调情倾向，而让男士产生了女士希望他求婚的错觉。无论如何，任何女士都不能对一位这样爱慕尊重自己的男士有一点儿无礼或者是轻佻的漠视，更不能领着她更爱慕的求婚者无情地在她曾经拒绝过的男士面前炫耀招摇。

# 如何训练猎鹰

放鹰捕猎起源于远东，而从阿尔弗雷德大帝时期开始，在英国的贵族中，放鹰捕猎成为一项流行运动。捕猎鹧鸪、喜鹊或者白嘴鸦需要大片空旷的野外。由于狩猎场地都用灌木篱墙之类的围着，射击狩猎也变得越来越流行，放鹰狩猎就变得很难实现，因为合适的地点越来越稀少了。此外，训练猎鹰需要较长的时间，还要费很多力气，这些都意味着训鹰术几乎失传，只有在乡村集市的野生鸟类展览会和猛禽中心才能偶尔见到猎鹰的身影。

盖奇·厄尔·弗里曼（Gage Earle Freeman）所著的《实用训鹰术》（*Practical Falconry*）（1869）一书就如何选择猎鹰以及选中后如何训练等问题给出了一些建议。

假设猎人没有猎物——甚至连兔子都没有——但是他附近有一片空地，里面有白嘴鸦、喜鹊、鸽子和云雀。那时没有苍鹰，他选的猎鹰是游隼和灰背隼。若他居住在可以狩猎的沼泽附近呢？答案还是游隼。若住在比较空旷的有鹧鸪的地方？答案依然是游隼。苍鹰是一种住在与世隔绝的乡村的鸟类，而如果他愿意训练雀鹰的话，也可以把雀鹰增加到训练范围里。

　　一般来说，这只是对"猎人应该训什么样的鹰隼"这个问题的粗略回答。现在，我们来谈第二点："他如何得到鹰隼？"

　　关于游隼，我只能说通常这种鹰在海边或者内陆又高又陡峭的岩壁上生存繁衍，而放鹰者经常从苏格兰捕到幼鸟……要想得到苍鹰则是非常困难的，但是偶尔能从专业的放鹰者或者雷金特园林公园那里买到。一般来说，它们是从法国或者德国进口来的。

　　通常在沼泽地带能发现灰背隼。它们在地面上筑巢，但是市面上很少有出售的……雀鹰很容易获取，树木繁茂的庄园猎场看守人几乎总能帮上放鹰者。燕隼是极其罕见的，因此基本不值得一提；但是如果能得到燕隼的话，也可以像训灰背隼一样训燕隼。想获得矛隼的话，可以派放鹰者去冰岛、格陵兰岛或者挪威等地捕捉。

　　詹姆斯·埃德蒙·哈廷（James Edmund Harting）在他1898 年出版的《鹰隼驯养技巧》（*Hints on the Management of Hawks*）一书中提供了以下挑选鹰隼的建议。

　　挑选鹰隼的时候，首先要观察鹰隼的眼睛，眼睛要饱满明亮：凹陷的眼珠和缩小的瞳孔绝对是鹰隼有病的迹象。舌头和口腔应该是粉红色：有棕白色舌苔是不好的征兆。头部应扁平，肩部要宽阔，翅膀要长，合起来的时候应该能完全盖住尾部。胸肌（翅膀下面）应该饱满，摸起来坚实有力，而不是柔软松弛。翼羽应该完好（每只翅膀 10 根翼羽），而且应该有结实宽阔的骨架。要查看这些并不难，给鸟套上头罩，然后轻柔地依次展开两只翅

膀即可。大腿应该有发达的肌肉，脚要又大又壮。把罩住头的鹰隼对着逆风的方向，你很快就能发现把它抓在手里是否牢固，这样就能检验它的腿脚是否健壮了。

训鹰者要开始训鹰的话，必须照以下方法做。

如果是刚捕捉的鹰，应该让它在栖木上待一段时间，有时戴头罩，有时不戴头罩，用手拿着食物有规律地喂它，随身携带鹰几天，然后再把它放到外边的障碍物上。如果放开太早的话，它刚刚开始接受的驯服就会失效，它会疯狂地飞下障碍物，拉紧绳子，徒劳地挣扎着想逃走，而完全不会在意诱饵的存在。

训鹰者会发现，当鹰饥饿的时候，会从栖木或者障碍物上跳下来，落到训鹰者手里，如果把诱饵扔到地上，鹰就会落到诱饵上。此时要做的就是去掉鹰的脚绳，把一根又长又轻的绳子拴到转环上（在训练过程中，转环要一直捆在鹰的脚带上，但是放飞训练好的鹰的时候一定要取下），当呼唤鹰去捕食诱饵的时候，要用左手一直抓住这根绳子（编成辫的钓鱼线最好用了），可以每天增加鹰飞行的距离，直到最后可以完全不用这根绳子拴着鹰为止。谨记重要的一点：只有在鹰饿了，因此更有可能捕食诱饵的时候，才放飞鹰。在放开绳子（细皮条）之前，那些拴着被当作诱饵的活鸟或者其他生物的细皮条应该短一些，这样鹰不仅能杀死诱饵，还能饱餐一顿。

现在，鹰已训练好，可以第一次放飞了。

第一次放开鹰自由飞翔的时候，最重要的是不要让鹰失望，而且必须小心谨慎地确保鹰能在这样的飞行中捕杀猎物。我训练灰背隼的方式是把戴着头罩的鹰带到可能有云雀的地方，然后放飞一只云雀。当云雀再次落定，我也定位了它的时候，就摘下鹰的头罩，沿上风向径直走到云雀的落脚地。云雀又一次飞起来，鹰即刻从手中飞出，如果鹰隼在前面接受的对诱饵的训练到位的话，是肯定能猎杀云雀。然后我让鹰啄食几口猎物，再把鹰放在手上，让它在我的手套上吃完剩下的美餐。

在野外，训鹰师的目的是让他的鹰明白人靠近它并不是要夺走它的食物，而是要帮助它保护和享受美餐。这种感觉一旦在鹰和主人之间建立，一切都会进行得很顺利。之后，鹰每天都会有进步，而训鹰师的快乐也会成比例地与日俱增。

哈廷紧接着描述了他第一次带苍鹰猎食的经历。

第二天下午，当我们在一块崎岖不平、荆棘丛生的公有地周围四处转悠的时候，我们感到有些焦虑，期望能做好一次放飞，抓住一只兔子。几个狙击手试着在兔子最有可能出现的灌木丛搜寻，我们则站在空地上，"灰色的苍鹰站在我们手上"（正如乔叟描述的那样），等待某只兔子突然出现。

最后我们终于得到了犒赏。一只小兔子一闪而出，像闪电一般冲过空地。不幸的是，鹰与兔子之间的空间太小了，尽管鹰立即从手里飞出去，兔子正好在鹰能抓住它之前勉强躲进了一片灌木丛，但是鹰很勇敢，紧随其后也追进了灌木丛，而且进入了灌木丛深处——当然，兔子通过灌木丛逃跑了，而我们不得不用随身携带的刀子来切割灌木，把鹰放出来，以防损坏它的羽翼。这对于开始的放飞来说很倒霉，但是鹰很敏锐，我们也很容易能再帮它找到下一个猎物。我们做到了，鹰抓住它的方式别具一格——那是一只大块头的公兔，它本以为跳到空中，像猛然弓背跃起的马那样在空中不断踢打就能逃脱，但是鹰一直牢牢地抓住它，直到将兔子杀死，鹰也得到了应有的犒劳。

# 如何学会放鹰狩猎的术语

以下是放鹰狩猎过程中使用的术语表节选，这些术语选自 1892 年哈丁·考克斯（Harding Cox）和享有盛誉的杰拉德·拉塞尔斯（Gerald Lascelles）所著的《狩猎与放鹰》（*Coursing and Falconry*）一书。

缠住：抓住猎物并把猎物叼在空中。

笼子：一个边缘有垫料的木制架子，鹰可以站在上面，用它把鹰带到田野里。

阵容：几只猎鹰。

排遗物：和食物一起给鹰吃皮毛，目的是促进消化。

登场：训练鹰去猎捕某只特别的猎物。

雏鹰：从鹰巢里拿出来的小鹰。

骇客：一种自由状态，在此期间，要给雏鹰几周自由时间让雏鹰的翅膀变得强有力。

野鹰：一只有了成年羽翼后被抓住的鹰，也就是说，至少两岁大的鹰。

头罩：一种用皮革做成的罩子用来遮挡鹰的视线，以便完全控制鹰。

装翅膀：修复受损的翅膀。

鹰的脚带：永久系在鹰脚上的大概 6 英寸长的皮带。

皮带：通过转环系到脚带上的皮条，用来把鹰固定到栖木或者障碍物上。

厩：关鹰的地方。

通路：任意猎物往来觅食地的一般飞行路程。

指向：鹰垂直从猎物进入的地点的上空猛地冲下。

圈住：当猎物被驱赶到树丛藏身的时候，猎物就是被"圈住"了。

给鹰效劳：当鹰在上空等待时机的时候，把"圈住"的猎物驱赶出来。

雄鹰、雄隼或雄穗：与雌鹰形成对比的雄鹰；他位列"第三"或者说从身型大小来说排第三名。

# 如何制作润唇膏

《花一先令就能买到的实际收益》一书中收录了以下自制润唇膏的配方（虽然现代的读者在搜寻一些配料时会遇到困难）。

把1/4盎司安息香[1]、苏合香脂[2]和鲸蜡[3]，价值两便士的朱草根，一只剁碎的多汁的苹果，一串压碎的黑葡萄，1/4磅不加盐的奶油和两盎司蜂蜡放入一只新的锡质平底锅里。轻轻搅拌，用小火炖，直到全部溶解，然后用亚麻布包住，把里面的水分都挤干。冷却之后，使其再次融化，然后倒在小罐子或者小盒子里。如果想制成蛋糕状，用茶杯底塑形即可。

---

1　也被称作苯偶姻，这是一种常青树（安息香）的树脂，用来做收敛剂或者防腐剂。

2　苏合香脂是一种从苏合香树的树皮中提取的香脂，通常用作香水或者祛痰剂。

3　鲸蜡是从巨头鲸或者巨齿鲸的头部发现的一种蜡。鲸蜡通常用在化妆品中或是用作工业润滑剂。

# 如何给（印度的）土邦主行礼请安

在印度的英国人把与当地的绅士阶层亲切交谈看作一件非常重要的快事。然而，对于那些仅以以英格兰为中心的德布雷特"英国贵族年鉴"为指导，来穿过这个充满隐伏雷区的人们来说，给各类出身高贵的印度人行礼的礼仪反复无常，像谜一样神秘。因此，大部分盎格鲁 – 印度人要参考伊夫蒂哈尔·侯赛因（Iftikhar Husain）所著的杰出的大部头著作《为欧洲人特别准备的印度礼仪提示》（*Hints on Indian Etiquette Specially Designed for the Use of Europeans*）（1911），他建议，当给比自己头衔高的印度土邦主或类似头衔的人写信时，应遵循以下的形式。

"您地位尊贵，身份高贵，出身名门，恩泽浩荡。"

而且他建议信的结尾应该签上以下内容。

"您忠实的仆人"或"身份最卑微的"或"如尘埃一般卑微的"

《盎格鲁－印度人手册》（*The Anglo-Hindoostanee Hand-book*）或《陌生人的自我翻译和与印度当地人用通俗口语社交指导手册》（*Stranger's Self-interpreter and Guide to Colloquial and General Intercourse with the Natives of India*）（1850）一书中描述了一个总体来说更复杂的问候和致敬礼仪，应该采用。

孟加拉和印度当地人根据不同党派的不同等级，遵循不同形式的问候方式；正如在欧洲一样，上级会受到来自下级的各种形式的致敬。在许多场合下，尤其是在当地的王孙贵族的宫廷，上级通常用微微摆头或轻抬右手表示回应。

该书接着描述了 6 种最常用的行礼致敬方式。

下级对上级行礼通常是用行动，语言并不常用……

1."Sulám"：字面的意思是致敬、和平、安全……在加尔各答和印度其他以商业为主的城镇，各种混合民族（本地人和欧洲人）在商业交易方面频繁打交道，通过右手触碰前额的简单动作来表示"Sulám"。这种行礼方式通常是会面和告别的唯一的致敬方式，并往往伴有本地人向欧洲人行礼常用的语言——"阁下，Sulám！"，字面意思就是"先生，您好！"。

2."Bun'dug'ee"：字面的意思是奴隶、服务、忠诚、崇拜、赞美。"Bun'dug'ee"礼仪的动作与"Sulám"的不同之处仅有一点，就是增加了额外的动作：与手的动作相呼应的是头微微向前倾。"Bun'dug'ee"礼仪在当地人及欧洲上层阶级对他们的同级、上级行礼时最普遍。

3. "Kornish"：字面的意思是致敬、爱慕。"Kornish"这种行礼方式与"Bun'dug'ee"的不同之处在于，除了"Bun'dug'ee"的动作之外，还要伴随鞠躬的姿势。

4. "Tus'leem"：照字面的意思是递送、委托、健康、安全，寄托对对方的关心和保护之意；行礼的时候最为尊敬。"Tus'leem"包括用手指触碰地面，然后做"Sulám"的动作，这种礼节有时会重复三次。

5. "Kud'um'bo'see"：字面意思是亲吻脚、敬礼、尊敬。"Kud'um'bo'see"这种行礼方式是只对父母或者大人物行礼的一种谦卑、敬畏的象征，表达方式是亲吻对方左脚或右脚，或者用右手触摸某只脚，触摸或者亲吻备受尊敬的一方所坐的地毯或席子的边缘。

6. "Usht'ang"："八方"动员表现出的崇拜，即双手、双脚、大腿、胸部、双眼、头部、语言和思想全部参与。这是一种印度人所特有的在圣像、牧师或者上级面前表示崇拜或敬畏的行礼方式；动作包括"俯卧在地，双臂伸展，双手手掌紧紧合在一起"。

这本手册接着给出了一些拜访礼仪方面的建议。

对于地位较高的印度人，当有人来拜访，向他们行礼时，他们通常坐着不动，除非来客是他们的同辈，或者是服务于英国政府的地位很高的欧洲官员。在这种场合下，受访的一方会起立并向前移步，然后根据来访者的等级或者礼节的隆重程度决定向前走多远。

向主人恰当表达了问候之后，来客必须记住要以恰当的方式离开，务必谨慎地注意那些暗示来访已经超过受欢迎时间的细节。

在离别之前，受访者通常会给来客每人一个盘子（盛着反刍的萎辣椒叶），然后，用瓶子往他们的手绢或者衣服上撒一些玫瑰香水，这种礼仪如果出现在访客自己准备走之前的话，通常是一种礼貌的希望客人离开的暗示。

# 如何通过自然现象预测天气

可能因为居住在一个听凭复杂多变的自然力量支配的岛上，大不列颠人往往对天气情况有种迷恋。因此，许多人利用大自然的预兆（而不仅仅是朝窗外看）来预测天气。在一本综合性的著作《晴雨表指南》（*A Companion to the Weather Glass*）(1796) 中，作者摘录了《班伯里牧羊人的规则：判断天气变化》（*The Shepherd of Banbury's Rules: To Judge the Changes of the Weather*）(1748) 当中的一部分，给出了以下预测气候的小秘诀。

### 太阳

如果太阳升起的时候又红又炽烈——有风雨。

如果有云遮日，但是很快散去——必定晴空万里。

### 月亮

月亮的边缘模糊不清——要下雨。

月亮颜色发红时——要起风。

在新月的第 4 天，如果月亮皎洁明亮，有锋利的边缘——直到月底都将是既无风也无雨的天气。

## 星星

当星星突然急速穿过天空的时候——即将起风。

## 云彩

云彩又小又圆，就像北风中的菊花青马一样——最近两三天都晴空万里。

云彩很大，形状像岩石一样——有大阵雨。

如果小朵的云彩不断增多——有大雨。

如果大朵的云彩逐渐散去——晴空万里。

在夏季或者收获的季节，如果已经连续两三天刮南风，天气非常炎热，你也看到云彩带着像塔一样的白色尖顶升起，就像一朵叠在另一朵上面，然后聚集在一起，下方有黑云——突然就会有雷雨。

如果上述两朵这样的云彩升起，两边各一朵——到了赶紧避雨的时候了。

如果你看到云彩逆风或者侧风升起，当云彩朝你飘来的时候，风向将与云彩飘的方向一致。这个规则也同样适用于放晴的地方，即当天空阴云密布，只有边缘晴朗的时候。

## 迷雾

如果迷雾从离地面很近的地方升起而且很快消散——晴空万里的天气。

如果迷雾升到山顶——一两天内会下雨。

太阳在满月旁升起之前的普通迷雾——晴空万里。

新月时有迷雾——下弦月时会下雨。

下弦月时有迷雾——新月时会下雨。

牧羊人不仅能够通过观察天空预测天气，还推荐了以下通过观察动物读懂天气的方式，请注意以下现象能预测起风。

　　鸬鹚很快从海上飞回陆地，发出很大的动静。
　　苍鹭飞离沼泽，在高空翱翔。

　　而以下现象通常是下雨的前兆。

　　鹤飞离山谷。
　　小母牛不停地到处嗅。
　　燕子在湖面附近振翅低飞。
　　青蛙不停地呱呱叫。
　　蚂蚁把卵从蚁穴中搬运出来。
　　乌鸦聚集在一起，发出很大的动静。
　　蜜蜂成群围着蜂窝嗡嗡飞。

　　有了这样的洞察力后，下次当你看到小母牛在四处嗅、乌鸦成群喧闹地飞或者鹤飞离山谷的时候，务必记得把你晾晒的衣物收进屋来。

# 如何制作蘑菇酱

蘑菇酱是维多利亚时代人们普遍使用的一种调味品，《花一先令就能买到的实际收益》一书就包含了以下制作蘑菇酱的配方。

在太阳把蘑菇的颜色晒褪之前，收集那些伞顶宽阔、带着红色金边的蘑菇。擦拭蘑菇，然后把蘑菇捣碎放到一只陶制的平底锅里。

每放进三把蘑菇就放一把盐，每天翻搅蘑菇两三次直到盐全部溶化，蘑菇成为液状。把里面还掺杂的片状蘑菇打碎，然后把盛着蘑菇的锅整个放到小火上慢炖，直到把蘑菇中的精华萃取出来；用细的密眼筛把这种热的液体滤干，加入甜胡椒、整个的黑胡椒、生姜、辣根、一个洋葱或者一些小葱，再加上两三片月桂叶，放在小火上慢煮。有些人会放入大蒜、各种不同的调味料、芥菜籽等。但是如果不想保存太久的话，建议只加盐，别的什么也不加。在用小火煨了一段时间并撇去浮沫后，滤干，放入瓶子中；待冷却之后，用软木塞塞住瓶口，并用囊袋扎紧。如果三个月后，再加入新鲜的调料和切成薄片的辣根重新炖，蘑菇酱至少可以保质一年；但是除非是第二次炖，蘑菇酱一般不能保存这么长时间。

# 如何淘金

1848 年，当美国新泽西州的一名木匠詹姆斯·威尔逊·马歇尔（James Wilson Marshall）在加利福尼亚州的科洛马（Coloma）发现一些金子后，淘金热就在加利福尼亚州兴起了。很快就有报道传开说那里的金块遍地都是，可以从地表整块顺手采得，这使涌向淘金之旅的人数进一步增长。这次淘金热在 1852 年达到顶峰，并一直持续到 1855 年，30 多万人蜂拥而至以谋求发财的机会，在这个过程中，加利福尼亚州也发生了变化。

《如何找到并开采金沙》（*Gold Dust: How to Find it and How to Mine it*）（1898）一书描述了如何鉴定潜在的金矿。

事实仍然是，在某类岩石中比在其他类岩石中更可能找到金沙。当你在某个地区所能找到的全部岩石——不管是板岩、石灰岩、砂岩还是火山岩——都水平分层，而且连续不断地都由相同材质构成时，就不值得在这个地区搜寻金矿。这可以看作一条规则。

最长也最明显的火山岩会穿过主岩含有金矿的部分，而最大最好的金矿通常也在这附近。而且有时火山岩本身就富含金矿，尽管它的"继母"石英，获得了此项殊荣。

河流是另外的可能发现金矿的地点。

如果你正在搜寻金矿，最可能发现金矿踪迹的地方是低水位的河边或湍流上游的岩石当中。

在（河口入口处的）沙洲找个地方，当河水经过时，水流的力量可以冲走所有最小的沙砾，却不能冲走和头部一样大小的卵石。如果你发现一些粗糙的基岩突起，那么胜利在望。现在，用鹤嘴锄或者棒子把一些大卵石翻过来，把沙子和细砾石从中取出来，然后小心仔细地淘金。如果你得到的不是金色的沙子，而是一大把黑沙，那么再多试几个沙洲，如果结果依然如此，顺河流方向向下寻找，因为在上流的分支发现金矿的可能性微乎其微。

如果你发现了一条更有希望找到金沙的小溪，或者发现在某条小溪中找到的金沙比溪口河中的金沙更粗糙的时候，跟着溪流一直走下去。注意观察沙砾是由哪种岩石构成的，以及基岩的性质，当你经过湍流或者发现河道变宽在溪流某一边形成沙洲的时候，试查一下这里的基岩，就像在河流那里所做的一样，一定要在沙洲的两端都试查一下，而且不要忘记小的冲沟。

河流或者一条较大的小溪当中，金沙含量最多的地方就是河道中等宽度、基岩有7～18英寸的自然坡面。如果河道中有深洞，杂质便很难清除。

一旦找到这样一个好位置，接下来采矿者就要淘金了。

对于新手来说，最重要的淘金工具是淘金锅，这种锅应该由一整块俄罗斯铁或者钢板压模成型，边缘用钢线加固。压制的平底煎锅去掉把手而且没沾油脂的话，也是个很好的替代品。

当找到可能含有金子的土和用来进行测验的水后，取大约10磅土放入锅中，把锅放到水下；一直搅拌摇动，直到泥变软，碎石和沙子都分散开，然后尽可能快地把细泥冲刷干净。把锅从水里捞出一半来，注意角度要低，然后通过摇晃、转动、浸入水中等方式让重的部分沉淀下来，轻的部分从锅边冲出。当冲洗出所有泥沙，只剩最后一把的时候，或者当你看到沿着碎石边缘开始出现一条黑沙的时候，注意不要把金子冲出锅外，这很容易，只要把锅放平，间或摇一摇就可以了。当你淘出所有白沙，取出所有卵石之后，在锅中的水里搅动那些黑沙并仔细检查；如果其中某部分比其他部分重，用牙咬来检验是不是金子，如果具有延展性，那么它是金属。排除是一块子弹碎片的可能性后，它很可能就是金子了。

在 1852 年出版的《炼金的化学过程》（*The Chemistry of Gold*）一书中，作者进一步描绘了采矿者可以尝试使用的提取黄金的方法。

最原始的淘金设备是一个木制或者金属的盘子，在不同的地方，这种盘子的规格大小、形状和材质都不一样……关于使用这些仪器的一般原则已经有了相关说明，但是要想很好地使用它们则需要很多练习和经验。不管怎样，这个物件是用来分离黄金的；这种分离受各种技术性的猛拉和旋转的影响，因此需要很多技巧。

比各种形状的锅更好的工具是所谓的"摇篮";这种工具因其形状和使用动作与摇篮非常相似而得名。淘金者的摇篮由一个吊到摇摆物上的槽形主体构成,其方向不是水平的,而是有一定的角度,上端附有像筛子一样的工具,目的是拦截大量的矿石和石头。主体上横向覆盖着几英寸高的木顶梁,必要的时候可以移除。运作摇篮的原理如下:一个人填进一些原料,用上部筛子一般的部分冲洗,与此同时,另一个人则摇摆仪器,把水泼到上面。结果可想而知,因为摇摆,所有较轻的微粒升起来悬浮在流水中穿过顶梁,而黄金留在下面,从而很容易地把黄金分离出来。

1851 年,在维多利亚州发现黄金后,澳大利亚也兴起了淘金热,与加州的淘金热形成竞争。《澳大利亚的采金地》(*The Gold Fields of Australia*)一书于 1852 年出版,书中对于这两个采金国家之间的竞争情况毫不避讳。

有时,金粒非常小,又与黑沙紧密地混在一起,以致分离出黄金金属需要付出极大的努力,加利福尼亚的采金大部分都是这种情况。金子和沙子混在一起,沉淀物被移除后,在阳光下晒干,之后通过吹风将沙子分离。更常使用的加工方法是汞齐化法。这种方法就能使金粒分散开来,剔除沙子;通过温火加热,汞很快蒸发,把纯金留下。而前一种金属——汞,通过蒸馏收集到容器当中,可以循环使用。但是,这种加工处理对澳大利亚人来说太慢了。有时蕴含黄金的颗粒太大,以致人们觉得用汞来分离黄金是浪费时间……

但是,我们认为,以上的事实充分证明,和加利福尼亚的金矿相比，澳大利亚的金矿要肥沃得多。的确，因为受更富饶的土壤的吸引，加利福尼亚人已经大规模地移民到澳大利亚了。

如何鉴定真金是采矿者所面临的难题之一。《如何找到并开采金沙》一书给出了以下关于检测黄金的建议。

为了检测，可以把黄金熔化成纽扣状，用锤子砸平，然后用硝酸溶液煮几分钟。如果捞出来的时候，它是黑色的，那么说明里面含有银，把它烧热时，它会变得很黄，几乎纯粹是黄色。世上只有黄金才能经住这种测试，别无他物。

缺少经验的采金者通常会把其他几种东西误认为是黄金，包括：黄铜矿——黄铜很容易压碎成深绿色的粉末；黄铁矿——黄铁矿非常坚硬，压碎会成为黑色粉末；黄云母——黄云母非常轻，可分裂成细碎的鳞屑；靴子钉上掉落的条形黄铜——这种黄铜通常在岩石的外部；铜及铜合金的碎屑——来自大的盖子或者其他地方；还有黄硅酸铅，被称作"伪黄金"，和精细的炮弹有相同的重量和颜色，唯一的区分方式是把黄硅酸铅和硼砂一起熔化或者压碎成粉末，会把水染成黄色。

发现了能开采的黄金矿脉后，采矿者必须扎营。《如何找到并开采金沙》一书推荐了搭建窝棚的方式。

在干燥的地方搭建一个刚好能钻进去的窝棚，窝棚的一边留下开口，旁边用木头点起火堆，在普通的天气铺一张薄薄的床就足够了。搭建窝棚的时候，支起两根带叉的大概 2 英尺高、相距

7 英尺的木棍，在其中搭一根撑杆；收集一些树皮、木棍和苔藓盖到大概 3 英尺宽的顶子上，后面用 6 英寸长的原木支撑。铺上几英寸厚的干草或者树叶，然后把铺盖铺到上面。如果再小心些，可以用树皮建一个房顶来遮雨，而且这样的房顶也能很好地吸收火堆发出的热量。正对窝棚中央生一堆火，住宿就准备好了。

扎营完毕，疲惫的采矿者就可以吃饭了。

要烤制采矿者所吃的面包，把一品脱面粉放到淘金锅里，加入一品脱食盐，一茶匙发酵粉，一勺子糖，混在一起，搅拌均匀，然后加入一杯冷水，揉成一个生面团。把油涂到煎锅上加热，然后把面团的一半压到锅底，中间薄一些，周围厚一些；把锅放到热煤上烘烤，直到锅底形成薄薄的硬膜，这样饼就能在锅里滑动；现在，让锅对着火倾斜一定的角度，找个旧东西垫在锅把下面把它举起来，火候保持在 10 ~ 15 分钟内能把饼烤成棕褐色的程度，必要的时候要把饼翻面。

淘金热只能让少数人发家致富（1848 ~ 1855 年，仅在加利福尼亚州就发现了价值 20 亿美元的黄金），大部分人只能靠贫乏的物资竭力维持生存，靠他们从地里发现的金矿的踪迹糊口。大型工业化采矿公司很快控制了加利福尼亚的金矿区，为这个勇敢的采矿者仅带着一把鹤嘴锄和一只淘金锅去寻找黄金的时代画上了句号。

# 如何干洗衣服

随着洗衣机越来越方便，干洗店越来越多，我们逐渐遗忘了打理衣服的艺术技巧。威廉·塔克所写的《家庭染工和清洗工》一书记录了如何在自家厨房的餐桌上干洗衣服的方法。

首先检查一下衣服上哪些地方有油点，用刷子蘸点儿温热的胆汁，涂抹有油点的地方，油点很快消失，然后用冷水漂洗；在火旁烘干，然后取一些沙子（如在油品店买的沙子），把衣服平铺在桌子上，把沙子均匀撒到衣服上，用刷子拍打衣服，让沙子进入衣服里，沙子应该潮湿一些。然后再用硬毛刷子把沙子刷出来，沙子会带出所有的污垢……在夏季，当尘土等沾到衣服里，在充分拍打和刷洗之后，把一到两滴橄榄油倒在手掌里，把油擦在软毛刷子上，用刷子拍打衣服，如果衣服的颜色是蓝色、黑色或者绿色的话，这样可以增色，使衣服的色泽变亮。

# 如何给鱼钩安放鱼饵

世界上有什么比垂钓更令人愉快的事吗？快乐的源泉并不在于钓到多少鱼，而在于钓鱼这项活动本身：清凉的溪流、茂密的树荫、太阳照射的斑驳角落、大大小小的瀑布、弯弯曲曲的小河、平静的满是莎草的池塘水面、如画一般的风车轮、深深的水车贮水池在洪流的冲击下溅起的片状水流，最重要的是，鱼儿九死一生地逃脱、迅速躲闪、赌运气所带来的刺激和胜利的喜悦。

1867 年出版的《钓鱼指南》（*The Handbook of Fishing*）一书描绘了这种垂钓的欢快画面，并接着描述了给鱼钩安鱼饵的方式。

在鱼钩上安蠕虫的时候，可使用以下方法：首先把虫子的头部放到鱼钩尖附近，然后小心地把虫子推到鱼钩中距离虫子尾部仅 1/4 英寸的地方；要实现这个效果，你必须用左手的拇指和食指轻轻挤压或者向前推虫子，右手要慢慢向下挤压鱼钩。鱼钩尖上不断扭动的鲜活的小虫子会诱惑鱼上钩；但要注意，如果虫子有太长的部分没有固定，尽管也能诱惑鱼来轻咬，鱼却极有可能不会整个吞下鱼钩，因此钓鱼者可能无法把鱼钓上来……所以，要用虫子做个好的鱼饵，确保出击的时候能够钓到鱼；这就需要往鱼钩上安虫子的时候不要刺穿它（像对待朋友那样对待它……），完全盖住鱼钩尖的部分，只留下面较短的虫尾自由活动。

以下是主要的鱼饵以及在哪里能找到这些鱼饵。

1. 半夜在花园或者教堂里可以找到沙蚕；它们的头是红色的，背上有条纹，尾巴宽大。这是大马哈鱼、鲢鱼、鳟鱼、触须白鱼、鳗鱼和大鲈鱼的理想鱼饵。

2. 可以在久积的粪堆、腐败的泥土或者牛粪堆里，特别是在鞣革皮里找到红纹蚯蚓，这种蚯蚓对所有的鱼来说都是很好的钓饵。

3. 在沼泽地或者河岸可以找到沼泽蚯蚓，这种蚯蚓是鳟鱼、鲈鱼、白杨鱼、河鳟和鲤科鱼的理想诱饵。

4. 阵雨后，可以在肥沃的土地或者草地里找到 Tagtail 的踪迹，当河水浑浊的时候，这是鳟鱼的理想诱饵。

5. 可以在树皮中找到灰蛆虫，这是河鳟、鲮鱼、斜齿鳊或者鲢鱼的理想诱饵。

6. 从 5 月到米迦勒节都可以在牛粪底下找到牛粪饵，这是河鳟、鲮鱼、斜齿鳊或者鲢鱼的理想诱饵。

7. 几乎可以在所有树木和植物上找到毛毛虫，任何一种小毛毛虫都可以用作鱼饵。

8. 可以在卷心菜中找到卷心菜毛虫。

9. 可以通过敲打山楂树枝抓到山楂树虫。

10. Gentil 可以在腐烂的肝脏中滋生，也可以从屠户那里得到。它们是所有鱼类的理想诱饵。

11. 可以在河沟里或者多石的小溪边找到 Cad，这是所有鱼类的理想诱饵。

12. 可以在时间长久的水坑或者池塘的菖蒲里找到菖蒲虫，这是河鳟、丁鲷、鳊鱼、鲤鱼、斜齿鳊和鲮鱼的理想鱼饵。

13. 可以在太阳晒蔫的草丛里抓到蚱蜢，这是各种鱼类的理想诱饵。

14. 可以从黄蜂窝中找到黄蜂蛆，这对大多数吃 Gentil 的鱼来说是理想的鱼饵（在火上烘烤半小时之后，黄蜂蛆能够更好、更容易地穿到鱼钩上）。

15. 到处都可以抓到甲虫，有时在牛粪堆里，它们是鲢鱼的主要诱饵。

16. 大马哈鱼卵对于鳟鱼、鲢鱼和其他鱼类来说都是极好的诱饵；但是在使用前，必须经过特殊处理。

17. 白面包团是通过白面包蘸上蜂蜜然后用手掌揉搓制得的，这是鲤鱼、丁鲷、鲢鱼或者斜齿鳊的理想诱饵。

18. 奶酪团是用手揉搓腐烂的奶酪和面包制成的，这是鲢鱼的好诱饵。

19. 小麦糊是把小麦磨碎然后加入牛奶搅拌制得的，是很好的撒饵。

20. 撒饵应该用在要钓鱼的地点，如果可能的话，钓鱼前一夜就投放，而且应该放新鲜的撒饵。对于鲤鱼、鲢鱼、斜齿鳊或者鲮鱼来说，用白面包浸水，然后和糠、树枝混合。对于斜齿鳊、鲮鱼和欧白鱼，把黏土与糠混合起来做成鸽子蛋大小的圆团。对于鲤鱼、丁鲷和鳗鱼来说，用水浸泡的麦芽就很适合；或者也可以撒一些 Gentil。

# 如何制作英国凤尾鱼

耐嚼、美味的凤尾鱼一直是一种受欢迎的鱼，但是，真正的地中海凤尾鱼却很昂贵，也很难寻，而《腌制、保存和罐装所有肉类、猎物和鱼类的艺术与奥秘》(*The Art and Mystery of Curing, Preserving, and Potting all Kinds of Meats, Game, and Fish*)（1864）一书记录了一种制作英国版的这种美味佳肴的秘方。

制作这种"瞒天过海"的替代凤尾鱼是很值得的。你必须从你能获取的最新鲜的半蒲式耳[1]鱼中精选，只留下那些中等大小的鱼，因为真正的 Gorgana 凤尾鱼从来都不会像我们的大鲱鱼那么大，也不会像我们的小鲱鱼那么小，而且，你选出的鱼也应该大小相同。迅速用力扯下鱼头——不要切，然后取出内脏。不必洗也不必擦，直接放到方正的未上釉的陶罐里，木罐子更好，然后一层一层地交替铺上以下混合物：

| 海盐 | 2 磅 |
| --- | --- |

---

1　1 英制蒲式耳为 36.368 升。

| 娑罗树黑刺李[1] | 2 盎司 |
|---|---|
| 胭脂虫，磨成细粉 | 2 盎司 |

装的时候要压实，最上面一层至少两英寸厚。削尖软木塞使其密封好，并用大量融化的树脂进一步密封。把罐子埋到地窖或者储藏室干燥的沙子里，放在不挡路的地方，9 个月都不要动，或者一直等到下个鲱鱼季再开封。在取出你的"珍藏品"两周前，把以下物质用一品脱开水溶解：

| 龙胶[2] | 2 盎司 |
|---|---|
| 娑罗树黑刺李 | 2 盎司 |
| 红色紫檀[3] | 1 盎司 |

然后，用法兰绒布过滤，把它均匀地铺进你的罐子或者容器里；再次用塞子塞紧，过一周左右，把容器倒置 1 ~ 2 天，然后再正过来放。这被称作"喂养"它们。当这一切都做完之后，不需要添加"砖灰"或同样糟糕的"用于制作颜料的粉红色泥土"来给它们上漂亮的红色，所谓的"英国凤尾鱼"加上其他作料就可以制成凤尾鱼酱，但是上桌的时候不要像 Gorgana 鱼那样，和无黄油烤面包片或者奶油吐司一起上——永远不要！

---

1 娑罗树黑刺李是将硝酸钾投入圆形模具里制得的。

2 龙胶是一种黄芪胶，一种中东植物的树液。

3 红色的紫檀，源自印度本地生长的一种较矮小的树木。在这里，树的锯末很可能是用来给鱼上红色的。

## 如何营造爱的感觉

默林所著的书《魅力与典礼手册：大家都有实现梦想的机会》提供了以下营造爱的感觉的指导。

阿古利巴[1] 说，取山羊肚皮上的毛，打成结，藏到心爱的人的房顶上，就会引发热烈的爱恋，少女会无法抵挡爱人的恳求，被深深地迷住，很快就能举办婚礼。

---

1 阿古利巴（Agrippa），著名的罗马将军和国务活动家。

# 如何通过马的牙齿判断其年龄（通过歌谣）

　　当尝试对马的尖牙做任何一种复杂的研究来确定马的年龄的时候，你真正想要的无非是简单、清晰的指导。你不希望那些指导又乏味又无聊。幸运的是，1911 年出版的《常识：跳马、骑马、装马掌、安马嚼子、马食、驯马》（*Horse Sense: Jumping, Driving, Shoeing, Bits, Foods, Breaking*）一书为你提供了一首令人愉悦的小诗。

　　　　要想判断马有多大，
　　　　当然要查看它的下巴。
　　　　传说只要看到六颗门牙，
　　　　一切顾虑都会解除。

　　　　如果只能看到中间两颗门牙，
　　　　说明小马还不够两周大。
　　　　八周大前会再长两颗门牙，
　　　　八个月大时，隅齿会长出来。

　　　　一年时间内，从中间两颗开始，

两条外面的牙槽会消失。
两年时间内，从第二对牙开始；
三年头上，隅齿也会露出来。

两岁时，中间的两颗门牙掉落；
三岁时，第二对牙也不再逗留。
四岁时，第三对牙也离去了；
五岁时，会长出满口新牙。

六岁时，从中间两颗门牙开始，
深的齿冠黑窝会逐渐出现。
七岁时，第二对牙也是如此；
八岁时，每个隅齿上的黑窝都变得清晰可见。

九岁时，从上颌中间的两颗门牙开始，
齿冠黑窝会开始消退。
十岁时，第二对牙是白色的；
十一岁时，"隅齿"发亮。

随着时间的推移，骑士们知晓，
椭圆形的牙齿会磨损成三角形；
马的年龄越大，齿面三角化特征越突出，
直到二十岁。
之后的情形我们很少见到。.

# 如何用从英国植物提取的染料给纺织品染色

　　埃塞尔·M. 梅雷（Ethel M. Mairet）在她 1924 年出版的著作《植物染料：对染工来说非常实用的秘方和其他信息手册》（*Vegetable Dyes: Being a Book of Recipes and Other Information Useful to the Dyer*）中说明了以前常见的本地植物染料是如何变成现在这样罕见的。

　　随着 17 和 18 世纪使用的外国染木和其他染料的引进，英国当地的染料植物很快被取代，只剩下一些不寻常的地方仍在种植，如苏格兰高地和爱尔兰的部分地区。

　　作为染料，这些植物当中的大部分都不太重要，现在很可能也不能充分收集。但是，有一些为数不多的植物却非常重要，如靛蓝、黄木犀草、石南属植物、胡桃、赤杨、橡树和一些地衣。黄色的染料是最丰富的，而且其中许多都是上好的永不褪色的。实际上，人们没有办法获得大量的高质量的红色染料。茜草是所有植物当中唯一可靠的红色染料，而在英国，这种染料不再是本土生产的了。

梅雷接着列举了一些可以用来把布匹染成红色的当地
植物……

　　白桦——新鲜的内皮

　　酸模——根部

　　染料车叶草——根部

　　沼委陵菜——根部

　　能把布匹染成蓝色的植物……

　　西洋接骨木——浆果

　　欧洲女贞——浆果，加入明矾和盐

　　黄菖蒲——根部

　　黑刺李——果实（当用水煮黑刺李的时候，溶液会变红。但

这种给亚麻布上色的红色染料会变色，用肥皂洗的话，会变成黛青色，而且永不褪色）

那些能把布匹染成黄色的植物……
欧洲白蜡树——新鲜的内皮
刺檗——茎和根
钝叶酸模——根
野苹果树——新鲜的内皮

能把布匹染成绿色的植物……

西洋接骨木——叶子，加入明矾
铃兰——叶子

一些能把布匹染成棕色的植物……

白桦——树皮
洋葱——外皮
核桃——根和绿色的坚果外皮

那些能把布匹染成紫色的植物……

异株泻根——浆果
蒲公英——根部
西洋接骨木——浆果，加入明矾，紫罗兰色；加入明矾和

盐，淡紫色

最后是那些能把布匹染成黑色的植物……

黑莓——嫩枝，加入铁盐
橡树——树皮和橡子

# 如何训鹰猎鹭

通常，人们用鹰来狩猎小型猎物，如兔子、云雀或者鸽子（可参看本书79页的"如何训练猎鹰"），而盖奇·厄尔·弗里曼在他 1869 年出版的著作《实用训鹰术》中描述了如何用鹰猎鹭，以前这在欧洲大陆是非常普遍的。

鹭通常是在所谓的"通路"被捕猎的……"通路"指的是从鹭筑巢的树到它们要捕食的青蛙的栖息地或者渔场之间的往返路程。放鹰者会在这条路的合适地点安营扎寨，在苍鹭孵蛋处的下风向留心返巢的鸟。它们被称作"笨重的鸟"，因为携带着食物。有些非常大胆的带着出色猎鹰的猎人，甚至可以尝试冒险捕猎"轻便的"鹭，也就是在猎鱼途中的鹭，但这很困难也很危险。我可以悄悄告诉大家，我们狩猎用的是猎鹰，而不是雄鹰。

距离放鹰者大约 1/4 英里、在空中几百码高的地方，就是鹰飞过的最远距离——不管怎么说，这是规律。太多的规则可能会害死鹰，但这种事情发生的概率并不大。当鹭在回家的路上，刚刚飞过放鹰者一小段距离的时候，放开两只猎鹰的头罩。鹭被迫放下鱼，它转身，朝着下风向飞去，一直打转飞翔，目的是超过鹰。而鹰也打转，而且转得更大。一只鹰在鹭的上空俯冲下来，有时能正中猎物，有时会失败；在第一种情况下，鹰和鹭都会下降一些，而第二只鹰已经飞上来，也朝着鹭俯冲过来。在几番争斗之后，鹰会捉住鹭，两只鹰"缠住"猎物，三只鸟一起朝着地面飞下来。快要落地之前，老练的鹰会把猎物松开一下，以免碰撞，但很快又会重新抓紧。你必须顺着下风向骑马赶到现场，越快越好……如果放鹰者靠近的时候，鹭在搏斗，放鹰者必须立即抓住它的脖子，尽快安排后续事宜。通常情况下，当放鹰者骑马朝着猎鹰和鹭奔过去的时候，鹭并未受伤，或者受伤不严重。如果是这样的话，可以把温热的鸽子藏在一只死鹭的翅膀下来饲喂鹰……此时，鹭已经被放飞，供某天再一次的放鹰狩猎或者试飞使用。

# 如何治疗伤风感冒

根据威廉·特纳所著的《新草本志》一书，以下处方能够治愈最令人恼火的疾病——伤风。

如果病人头部发热，可以这样处理：取家里的韭葱和几乎等量的玫瑰花瓣，充分捣碎，并加入牛奶；同时一直揉搓他的两鬓。同样的方式也可以凉血，减缓头痛的剧烈程度。务必不要喝烈性饮料。

如果这样做不能解决问题，伤风又真的让人非常烦恼，也许你可以尝试以下这种更极端的治疗方法。

如果一个人感冒非常严重，那么最好取一只活的黑母鸡，从背部切开，让鲜血沿着鸡的身体流到病人的头上，这种方法也可以很好地温暖病人的头部和脑部。

# 如何避免霉运

王尔德夫人所著的《爱尔兰古代传奇、神秘故事和民间迷信》一书记载了许多神奇玄妙、不可思议的建议来保护家庭不受讨厌的人、女巫和精灵的伤害。

女巫们会竭尽全力在五月的早晨偷牛奶，如果她们偷到了，好运就会远离这个家庭，全年的牛奶和黄油都会归精灵所有。最好的预防方式是把报春花（樱草花）撒在门口。老妇人会把一束束报春花拴到奶牛尾巴上，如果这些花是日出之前采摘的，邪恶的精灵就无法触碰这些花所守卫的任何东西，而其他东西都没有这种作用。一块烧红的铁，放在炉边也可以；任何一块古老的铁都可以，而且年代越久远越好，为了求得好运，也可以把山楂和花楸树枝编织在一起放在门前。花楸具有非常了不起的神秘的特质。如果把花楸树枝编织到房顶上，那所房子至少一年都不会被火烧坏；混到制作船只的木材中，则一年之内风暴都无法摧毁这只船，船上的人也不会溺水。

# 如何抢救溺水的人

《花一先令就能买到的实际收益》一书中关于如何抢救溺水者的描述说明了维多利亚时代的人对于水上安全的问题警惕性并不高，不知怎的，这让人脑海中浮现这样一个场景：一些人周末在河边悠闲地散步，突然遇到不幸的顽童跌入河中，需要抢救。

要竭尽全力确保在一个小时内把溺水之人打捞上来，而且必须立即采取复苏抢救措施。

在把溺水者从泰晤士河、池塘或者其他地方救上来时，应该遵循以下习惯：

永远不要抓提溺水之人的脚后跟。

不要把溺水之人装到木桶里滚动，也不要使用其他粗野的方式对待他。

在所有看起来对方已经死亡的情况下都不要使用盐。

尤其要注意，做一切事情都要以最快最敏捷的速度。

对于溺水者，注意以下救助指导：

把溺水者的头部抬起，运送到最近的房子里。

脱去溺水者的衣服，把身体擦干，清理口腔和鼻孔。

小孩子：两个人抬着放到温暖的床上。

大人：在天气冷的时候，把溺水者放到温暖的毯子或者床上，靠近火源；在温暖的季节，注意保持空气通畅。

往溺水者的身体上撒烈酒，用法兰绒布轻轻地擦，把一个热的长柄暖床炉用布包住，轻轻地在溺水者的背部和脊柱来回移动按摩。

恢复呼吸：把一对风箱（没有别的设备时）的管子插入溺水者的一个鼻孔；把嘴巴和另一个鼻孔封住，然后，向溺水者的肺部吹气，直到他的胸部微微鼓起；然后放开溺水者的嘴巴和鼻孔。一直重复这个过程，直到恢复生命体征。

要用恰当的工具把烟草轻轻地塞到溺水者的臀部，或者用烟斗的凹处盖住此处，以保护救助者的嘴部。

要用热的烈酒给溺水者的胸部热敷——如果没有生命体征出

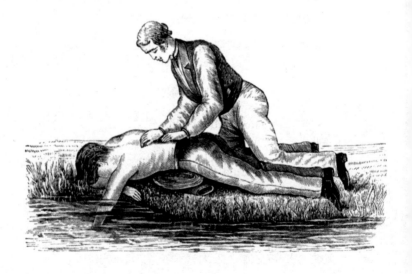

现，用热水等给溺水者的手掌心或者脚后跟沐浴。

医务助理会尽早使用电击疗法。

呼吸是应该重视的第一件事。


尽管这些指导可以对维多利亚时代的人起作用，却并不推荐现代人采用，毕竟把溺水者送到医院救治对他们来说更好。

# 如何避免工具生锈

锈是每位工具收藏家和管理员的大敌，而《每个人都是自己的机械修理师》（*Every Man His Own Mechanic*）(1886) 一书给出了避免工具生锈的建议。

1. 把熟亚麻仁油涂抹到工具上，让其自然晾干，能防止擦亮的工具生锈。常用的鲸油会在短时期内阻止工具生锈。通常要给风吹日晒的磨光工具涂上一层柯巴脂油漆。毛织品是金属制品的最好包装。

2. 用以下方法可以避免各式各样的钢铁制品生锈：取 1/2 盎司樟脑溶解在 1 磅猪油里，撇去上面的泡沫，然后加入一些石墨，直到混合物变成铁灰色。所有类型的钢铁和机械制品擦上这种混合物，静置 24 小时后，用亚麻布擦拭，几个月都会干净如新。

# 如何做个善人

《家喻户晓的格言》(*Household Proverbs for Men*)(1863)一书建议人们尤其要遵循以下格言。

1. 小事谨慎，大事自成。

2. 男人什么样，都是女人调教出来的。

3. 借债是不幸的开始。

4. 服务上帝的人，才真正选了一个好主人。

5. 戴手套的猫捉不到耗子。

6. 俭以防匮。

7. 莠草总比庄稼长得快（恶习易染）。

8. 物以类聚，人以群分。

9. 今日不节约，明日即缺乏。

10. 来得容易，去得快。

11. 自助者天助之。

12. 正义不会冤枉任何人。

13. 和在水中溺死的人相比，在酒中溺死的人更多。

14. 有备无患。

15. 贫穷一进门，爱情跳窗走。

16. 匆匆结婚，时时悔恨。

17. 活到老学到老。

18. 美丽的羽毛造就了美丽的鸟类。

19. 整洁近于美德。

20. 守着货物哭，总比追着货物跑强。

21. 良好的开端是成功的一半。

22. 谋事在人，成事在天。

23. 只有与上帝同在才能找到真正的快乐。

24. 量入为出，点滴积累。

# 如何预防和治疗肠胃胀气

人体的胃和其他内脏里有一定量的气体是非常自然的；只有当这些气体过量时，才会引起不便。说真的，这种体内的骚动和噪音——正如暴风雨来临之前的雷声和预示地震的震动，让有些人备受折磨，十分苦恼。而人们就算不厌恶，通常也不会喜欢这些有着痛苦遭遇的患者。

这些睿智的话语出自《病人家用内外科医疗、住院护理和烹调指南》一书。作者进一步解释了肠胃胀气带来的不便影响。

令人恼火的内脏里的隆隆声或咕噜声（肠鸣音）是气体从肠道各部位通过时产生的，其中混合着肠道本身的液体。这会令人产生一种不舒服的胀气的感觉，有时会疼痛甚至出现疝气（肠绞痛）。

现代医学对这种最惹人厌烦的病症也无计可施，我们可以遵循以下建议。

肠胃胀气，不管程度如何，通常是由消化不良、肠蠕动慢，肠道痉挛亦或器质性狭窄引起的；也常常伴随着发烧、肠绞痛、便秘以及歇斯底里等病症。

如果程度较轻，用驱风剂之类的药就可以缓解。用格雷戈里的大黄、氧化镁和生姜的混合物，每次把一茶匙这种混合物溶解到一酒杯薄荷水里，会非常有效。姜茶也大有裨益。

也可以依靠兴奋剂，例如半盎司剂量的松节油、提神药和霍夫曼止痛剂。阿魏胶和乙醚混合物对于患歇斯底里症的女性来说尤其有效。必须服用一些轻度泻药，并且坚持运动锻炼。必须万分注意饮食，避免食用一切难消化的食物。沙拉、卷心菜、黄瓜和不成熟的水果尤其容易产生气体，即使对健康的胃也是如此。因此不要食用这些食品，也不要喝发酵酒类。吃清淡的食物，喝少量稀释的白兰地酒，有规律地锻炼和避免过度饮食，便会逐渐治愈肠胃胀气。

# 如何安排送葬队伍

《历史上各式各样有关服孝着装的注意事项》一书包含了对典型的维多利亚时代贵族送葬队伍如何安排的描述。

在这有限的篇幅里，我们并不打算固守送葬者通常的职权，在这些悲伤的场合，当人们需要他们的时候，他们的任务是管理安排一切，确保送葬队伍在去"所有生者的房子"的行程中所需要的设备适合，还要熟知安葬祈祷礼仪。正如当前这个国家所遵循的送葬规则一样，以下关于送葬队伍的顺序和注意事项，正好适用于最近去世的一位英国伯爵的葬礼：

四名受雇送葬人骑在马上。

两名披着头篷的人。

持羽毛饰物的人。

两名披着斗篷的人。

一位绅士骑着官方用的马，手里擎着放在深红色天鹅绒衬垫上的已故伯爵的冠冕。

### 灵车

用家族的纹章装饰，6匹马拉着。

三辆丧祭马车：第一辆,6匹马拉，上面坐着故人的儿子（丧主）和故人的兄弟。

第二辆马车，上面坐着故人的姐夫、妹夫、内弟、内兄等人。

第三辆马车，上面坐着姐夫、妹夫、内弟、内兄等人当中的一人，故人的遗嘱执行者之一，还有故人的一个朋友。

每辆丧祭车均由四名男侍者护送。

故人的私人马车。上面坐着几个亲戚和家人，在送葬队伍的最后面。

尽管在现代人眼中，这看起来可能是一支比较烦琐复杂的送葬队伍，然而作者紧接着详细叙述了乔治亚时代一位有名望的政治家壮观得令人震惊的送葬场面。

以下葬礼是为一位杰出的下议院议员策划的，逝者是威斯敏斯特下议院议员，查尔斯·詹姆士·福克斯阁下，逝世于1806年。

查尔斯·詹姆士·福克斯阁下的葬礼在1806年10月10日星期五举行，从圣詹姆斯的斯特布尔庭院开始，到威斯敏斯特大教堂结束，其送葬队伍的顺序如下所述。

志愿骑兵。

6名典礼官，两两一排，戴着黑色领带、丝质帽带和手套。

6名指挥，步行，举着丝绸覆盖的黑色法杖，戴着丝质帽带和手套。

57[1] 名穷人，披着服丧斗篷，斗篷上面佩戴着逝者的冠饰徽章，也戴着丝质帽带和手套。

威斯敏斯特的高级执行官，骑着马，戴着黑色丝质领带、帽带和手套，由两名典礼官陪同，他们也戴着丝质帽带和手套。

威斯敏斯特的司法干事，乘坐马车，戴着领带、帽带和手套。

6 名典礼官，两两一排，和前面提到的一样。

乐师，演奏着哀乐《扫罗死亡进行曲》。

两名指挥，徒步，和前文提到的一样，举着黑色的法杖等。

绅士们、威斯敏斯特的选民和其他人，披着服丧斗篷，戴着丝质帽带和手套，4 人一排。

乡村代表，戴着黑色丝质领带、帽带和手套。

三名小号手，并排站立。

一位绅士，骑着马，手持黑色的标准旗，戴着丝质领带、帽带和手套，由两名步行的绅士陪同，他们也戴着领带、帽带和手套。

辉格派成员，披着黑色的服丧斗篷，戴着领带、丝质帽带和手套，4 人一排。

家人，披着服丧斗篷，戴着领带、帽带和手套，乘坐两辆 4 匹马拉的丧祭马车。

内科医生和医学绅士，戴着黑色丝质领带和手套，乘坐两辆丧祭马车，每辆马车由 6 匹马拉。

神职人员，穿着他们的礼服等，戴着黑色丝质领带、帽带和手套，乘坐两辆丧祭马车，每辆马车由 6 匹马拉。

皇家礼拜堂的唱诗男孩，穿礼服，戴黑色丝质领带、帽带和

---

1  57 是逝者的年龄。

手套。

乐手，演奏肃穆庄严的音乐。

两名受雇送葬人，骑着马，手持黑色丝绸覆盖的法杖，戴着丝质帽带和手套。

两个人戴着黑色丝质领带、帽带和手套，手持用鸵鸟毛制成的有政府标志的带着天鹅绒流苏的羽毛饰品，由两名青年侍从陪同，他们手持权杖，戴着领带、帽带和手套。

两名受雇送葬人，骑着马，和上文提到的一样。

两人骑着马，披着服丧斗篷，戴着黑色丝质帽带和手套。

一名骑马的绅士手持大旗，两名穿着丧服的绅士陪同，他们也戴着黑色丝质领带、帽带和手套。

两人骑着马，披着斗篷，和上文提到的一样。

两面旗帜，由两名骑马的绅士擎着，他们戴着黑色丝质领带、帽带和手套。

两人骑着马，和前面提到的一样。

两面旗帜，和前面提到的一样。

两人骑着马，和前面提到的一样。

神职人员，穿着法衣，戴着黑色丝质领带、帽带和手套，乘坐一辆由 6 匹马拉的丧葬马车。

一名绅士骑着马，手持放在深红色天鹅绒衬垫上的逝者的冠冕，无覆盖物。两名男仆引路，他们戴着黑色丝质领带、帽带和手套。

### 灵车

逝者由 6 匹官方用的马拉的马车载着，贵族的男仆在前引路，戴着黑色丝质领带、帽带和手套，两边各有 6 名青年侍从，戴重孝，手持权杖，戴着黑色丝质领带、帽带和手套。

6名贵族，抬棺人，穿着服孝礼服，戴着黑色丝质领带、帽带和手套，乘坐两辆丧葬马车，每辆马车由6匹马拉着。

丧主（死者最近的亲属），披着带下摆的斗篷，由两名贵族陪同，他们戴着黑色丝质领带、帽带和手套，乘坐一辆由6匹马拉的马车。

福克斯先生的私人秘书，负责拉着丧主的斗篷下摆，戴着黑色丝质领带、帽带和手套，乘坐一辆由4匹马拉的丧祭马车。

20名贵族和绅士主管，两两一排，一部分乘坐丧葬马车，一部分步行。

一名绅士，步行，擎着有逝者纹章的小黑旗，戴着黑色丝质领带、帽带和手套。

贵族们，送葬人员，戴着黑色丝质领带、帽带和手套，两两一排步行。

贵族们的儿子，送葬人员，同上所述。

下议院成员，送葬人员，戴着领带，同上所述。

一名绅士骑马，戴着黑色丝质领带、帽带和手套，手持印有徽章的大旗，两名绅士徒步陪同，他们也戴着领带等。

逝者和亲戚的四轮马车。

政府马车。

小号手与定音鼓手。

志愿骑兵。

# 如何缝补

曾几何时，几乎每个人都知道如何缝补，人们也喜欢"自己修补、凑合着继续用"，而不是采用更现代的办法——"丢入箱子，冲到商店"。《卡斯尔的家庭百科全书》一书提供了以下关于缝补的指导。

如果缝补线太粗，会拉坏要缝补的材料，很快就导致更多的新洞出现；如果缝补线太细，补布料花费的精力将会是正常情况的两倍，而且也不能持久。缝补办法是模仿缝补材料的编织方式，先是这一边然后是那一边，直到破了的洞上下都被以恰当角度纵横交织的线紧密地填满。

从洞的边缘外侧结实的布料开始，沿着直线在布料的内外引针（除了小的缝补之外，大部分都要用双线）。回针的时候尽可能地接近第一次缝的线，第一次在布料上边，第二次就在布料下边，反之亦然。每次缝线的结尾处不要把线拉得紧紧的，而是留下一个小圈。这就给新线在清洗过程中有可能产生的缩水预留了空间。一直上上下下地缝补到离洞较远的地方，再次缝到未破损的结实的布料上。然后再以合适的角度细密地缝补，沿着原来的缝补针脚或上或下，直到破的洞完全被填充。千万不要让狭长的破损扩大成洞。如果只是单侧需要缝补，缝补后则能保持很长时间。

# 女子如何被引荐到宫廷

对于任何一个想成为英国上流社交界成员的年轻女士来说，被引荐到宫廷是至关重要的。

在上流社会，一个女孩只有在被引荐到宫廷之后才能被认可……初次参加上流社会社交活动的少女通常由她的母亲引荐，如果女孩没有母亲，就由某位近亲引荐。新娘则通常在婚礼上由丈夫的近亲引荐到宫廷。

多年以来，这些引荐方法有所改变，但是 1900 年出版的《男士女士的全套礼仪：上流社会礼仪宝典》一书描述了维多利亚时代的引荐方法，每个季节，女孩们有四次被引荐给维多利亚女王的机会（两次在复活节前，两次在复活节后）。

当一位女士即将被引荐到宫廷时，她首先要取一张大的空白卡片，上面字迹清晰地写着自己的名字和引荐人的名字，如："珀西太太，由怀特女士引荐。"……这张卡片至少要提前两天由宫廷大臣放到圣詹姆斯宫殿的客厅前，还要放一张来自推荐人的便条……递交名字是为了获取女王陛下的认可，在把这些送到宫务大臣部之后两天，这位年轻女士会收到两张"晋谒书"或者粉红卡片，她同样要在上面字迹清晰地写出和之前卡片上一样的话。她带着这两张卡片到达宫殿，其中一张留在等候名册中；另一张由会见厅门口的官员收起，转交给宫务大臣，然后宫务大臣会向女王陛下宣读名字。

宫殿的大门在下午两点开放，女王三点到达正殿。女士们折起裙摆用手托着走到美术馆门口，在这里等候的侍者会把裙摆从女士身上拉开，女士拖着展开的裙摆穿过美术馆，一直到正殿的门口。

如果某位女士要被引荐给女王陛下，她必须摘下右手的手套，当她在女王面前俯身行礼的时候，伸出一只手，手掌向下；女王把手放到女士的手上，女士亲吻女王的手。至此，引荐的全过程就完成了。女士继而向后退，向在场的所有皇室人员行屈膝礼。

女士社会地位有任何改变时，都要再被引荐一次。比如一位女士以前被引荐过，那么她举行婚礼的时候还要再被引荐一次，同样，如果她的丈夫继任了更高的头衔，也要再被引荐一次。如果她没有这样做，以后就再也没有出现在宫廷的权利了。

这本书接着讨论了在这种场合的恰当着装。

在客厅见面时，服装是一个非常重要的问题。只有礼服（低领的紧身胸衣和短袖衣服）是被认可的……宫廷裙摆在社交礼仪中也很有必要，裙摆应该有 3 ~ 4 码长，视着装者的身高而定……其他宫廷服装的必要部分是羽饰和垂饰[1]。曾经有一段时期有戴彩色羽毛的倾向，但这并不是严格意义上宫廷服装所必须的，在高层人物当中也不被认可。白色羽饰是恰当的，可以根据个人品味自行佩戴：通常，羽饰戴在左边，垂饰戴在右边。戴着垂饰的女士会发现自己更优雅，甚至比戴着薄面纱感觉还好，而戴薄面纱也是恰当的，如果喜欢也可以佩戴。束发的方式根据个人品味而定，头发上可以佩戴鲜花、缎带或者珠宝，也可不戴。

对于初次参加上层社会社交活动的少女来说，长外衣规定穿白色，婚礼上要被引荐的女士也应该穿白色的衣服，除非她的年龄过大，不再适合穿年轻的风格。

---

1 垂饰是附在头巾上的饰品，比如主教戴的主教冠，在 20 世纪早期通常装饰在女士的帽子上。

## 如何制作姜汁甜酒

在"一位老管家"所著的《家务管理》一书中可以找到以下关于如何自制姜汁甜酒的配方。

把 15 磅糖块溶解到 10 加仑水中,加入 12 只打碎的鸡蛋的蛋清;充分搅拌,煮一会儿,撇去浮物;然后,放入 12 盎司牙买加生姜,去皮,压碎;装入一个带有盖子的容器,把这些一起煮半个小时,然后把液体倒入一只桶里,当液体几乎冷却时,加入一杯新鲜酵母。让其发酵三天,在第二天时加入 4 个西班牙酸橙和 6 个柠檬的薄皮,装入瓶中静置 6 周。姜汁甜酒需要被密封良好;把软木塞捆好或者用金属丝固定。如果想增加色泽的话,可以加入一满匙焦糖。装满桶的时候,可以先把焦糖与部分液体混合。

# 如何给狮子剥皮

首先，抓住狮子(可参看本书第11页)。根据罗兰·沃德的著作《冒险家手册》(1923)中的内容，给狮子剥皮必需的工具如下：

1. 钳子　2. 链锁钩　3. 剪刀　4. 挖脑铲子　5. 解剖刀
6. 吹风管

在野外，给动物剥皮至少需要的工具是一把刀子、一只小锯子、一把老虎钳和一些锋利的钉钳（当然，还需要一个强健的不轻易感到恶心的胃）。沃德记录到："比如说，一个熟练的工人只需要几个先令，用一把普通的刀子就能把一只老虎的皮剥得干干净净。"然后，他建议在猎人下刀剥皮之前，彻底检查他们的战利品。

固定猎物之后，立即检查猎物的眼睛和鼻子，把它的颜色和外表特性做个简单的备忘录。也要记录鸟类的喙和腿部等各部位的颜色（其光泽度会变暗），尤其是如果动物有眼皮的话，要注意眼皮的颜色。对于鸟兽颌下的垂肉和其他裸露的皮肤部分，也

同样如此。因为当这些部位晾干的时候，它们的颜色不仅会消退，甚至可能彻底改变，因此熟练的动物标本制作者也可能会据此得出错误的结论。

　　猎人只需要等待猎物的尸身冷却一些，就可以动手给它剥皮了。

　　如果希望保留一只大型动物的整张皮，必须一刻也不耽搁地把野兽翻过来，背部贴住地面，然后沿着野兽腹部中间的位置从胸部到尾尖切开……剥皮的时候应该干净利落，不要粘连一点附着的肉或者脂肪，因为在炎热的天气中，肉或者脂肪很快就腐坏了，也会使剥下的皮被腐蚀，这个地方的毛就会脱落……从野兽胸部的中间部分到尾部割一刀，再在后脑勺上割一小刀就能取出头盖骨，四肢和颈部的皮可以从里往外翻出来，之后用麻的粗纤维或者干草填充，使其尽快晾干。

如果猎人想把野兽的头盖骨也作为战利品保留下来，查尔斯·麦卡恩在他1927年所著的《猎人袖珍手册》一书中建议使用以下方法。

切除所有可以去掉的肉。把一根棍子推入后脑勺上的孔，然后不断地搅动，振摇稀饭状的脑浆，就能取出脑子。把热水倒入脑颅之中，然后再次振摇倒出，可以带出大部分的残留物。不要把这个活儿交给一个一无所知的当地人来做，除非你以前亲眼见他恰当地做过这件事。否则他难免会用斧头把头盖骨的后面砍掉。清洗头盖骨，把下颌骨牢牢地固定在上面，最后悬挂晾干。

沃德告诫大家，在给大型猫科动物剥皮的时候，如果你想让战利品看起来栩栩如生，就一定要小心谨慎。（大部分在地方博物馆或古董店碰到糟糕动物标本剥制术的人，都会同意那场景令人不快。）

当给老虎、狮子、豹子等动物剥皮的时候，耳朵、嘴唇、爪子和鼻子这4个部位需要特别小心。在耳朵处剥皮的时候要尽可能地靠近头盖骨，因为如果要拼装完整的头部，就需要耳朵上的软骨。给耳朵处剥皮的时候应该非常小心，让此处形成袋状，手指可以一直插进去到达耳朵尖。这样的话，空气就能进入耳朵，在任何腐败可能发生之前，耳朵就能很快晾干。嘴唇处也应该剥皮，这样就能从里往外翻出来，但是务必注意嘴唇的所有黑色部分要留到皮上，否则之后拼装头部需要嘴唇时便会遇到困难。在给嘴唇处剥皮、把它们从里到外翻过来之后，要注意取出里面所有胡须根部的肉，然后在一丛丛的胡须中间切几刀，把防腐剂放进去。如果这里落下了一块肉，那么它一定会在皮晾干之前腐坏，然后毛就会脱落。脚掌肉垫里面轻软的脂肪也应该切除，因为这也需要较长的时间风干，在炎热的天气里（如果不把它切除），兽皮还没晾干，它就开始腐烂变质了。

现在可以把皮钉到外面，开始晾干了。

去除所有的肉和软骨之后，把等量的盐粒和明矾粉末的混合物涂抹到整张皮上，尤其是眼睛和鼻子周围、下嘴唇上，以及耳朵的里面和外面；然后把皮放到阴凉处风干——一开始要用木棍撑开脸部——这样空气就能流通了，渐渐地，就可以平铺晾干了，晚上要在上面压石头。

现在，我们最好听听空军准将 R. 皮高特（R. Pigot）在他的著作《25 年的大型猎物狩猎生涯》（*Twenty-five Years Big Game Hunting*）（1928）中给出的建议。

在钉住老虎皮或者狮子皮的时候，尤为重要的是要保持皮的自然形态。把皮纵向拉伸是很容易的，这样就能增加测量长度了，但是纵向拉伸会缩小皮的宽度，完全破坏战利品的外观。

就这样，你拥有了可以装饰你的狩猎小屋和给邻居留下深刻印象的狮子皮。

# 如何饲养鸽子

1830 年出版的《新养鸽人全书》(*The New and Complete Pigeon Fancier*)描述了饲养培育鸽子是一件多么吸引人的事情。

漂亮驯鸽的种类如此繁多，以致很难把它们全部描述一遍。人类的技术可以使这种鸟类的颜色和体形都发生巨大的变化，让不同种类的雄鸽和雌鸽交配，就可以培育出新的品种。

一旦你被鸽子的魔力吸引，下定决心要养鸽子的时候，第一件事是建一个能饲养鸽子的鸽舍。

首先，有必要找一处方便的地方。最适合养鸽子的地方莫过于宽敞的庭院或者农场的中间地带，由于鸽子天生胆怯，甚至最轻的声音也会让它们受到惊吓，因此鸽舍一般都建在离狂风会刮得树木瑟瑟作响和水闸发出呼啸之声一定距离的地点，这是有充分依据的。

关于鸽舍的大小，完全取决于你想饲养鸽子的数目，但鸽舍最好是宽敞的，不要因为地方不够就压缩它；至于鸽舍的形状，圆形的比方形的要好，因为和方形的鸽舍相比，圆形的鸽舍更能阻止老鼠攻击鸽子。

为了防止老鼠沿着鸽舍的侧面爬到鸽舍里面，鸽舍的墙应该用锡板覆盖。锡板大概 2 英尺高，顶上探出 3 ~ 4 英寸，用锋利的金属丝支起，避免老鼠向高处攀爬；方形鸽舍的外角也应该妥善保护，以防这些可怕的敌人对鸽群造成破坏。

鸽舍的覆盖物应该紧紧地组合在一起，让甚至最细的雨也无法穿透。整个建筑必须用硬质灰膏覆盖，里外都要粉刷白涂料；白色是鸽子最喜欢的颜色，而且在一定距离之外，鸽子更容易从鸽舍白色的外表辨别它。鉴于鸽子的粪便腐蚀性很强，因此要打好地基，底板要结实，整个建筑要用水泥胶结好。时间长了应该形成一个规则：东面不要留门或者孔——都应该朝南开，因为鸽子非常喜欢日照，尤其是在冬季；但如果鸽舍的窗户朝北开，就尽量不要开，除非是在非常温暖的天气。温暖时空气可以自由流通，对鸽子的健康有益。

鸽舍外面必须有围绕物，由乱石或者灰泥制成，从窗户下面的凸出部分一直延伸到靠近鸽舍中间的位置，其目的是让鸽子从田野回来之后有地方休息；窗子应该安装吊门或者可滑动的百叶窗，无论哪种，边缘都要用锡紧密包住，安上带尖锐顶端的金属丝围墙，并且牢牢地固定到墙上，作为抵御老鼠袭击的屏障。这种吊门或者可滑动的百叶窗，通过绳索和滑轮，可以随意停在某个位置，这样便可以根据需要随意放开鸽子或者把它们关进来。

鸽舍里面的巢或者凹槽通常是由墙上开的长形方洞构成的。当鸽子待在黑暗中的时候，这些人工巢就是鸽子孵化的理想地点……由于鸽子不经常筑巢，因此有必要在凹槽的底部开一个沉下去的小洞，以防鸽子蛋滚到旁边；因为即使鸽子安安稳稳地蹲在巢里，如果发生这种事，鸽子蛋肯定会损坏变质。尤其要注意的是，要确保墙上的鸽子巢够大，能装得下一只雄鸽和一只雌鸽。第一排巢离地面大概 4 英尺。这些巢或者凹槽要排列成梅花形[1]顺序，或者像格子花一样安排位置，不要在一个上面直接开另一个；而且它们也不能开到距离墙顶不到 1 码的范围内。在必须依墙而建的覆盖物入口处，应该固定一块小平板石，伸出墙外3～4英寸，以便鸽子进出巢穴，或是天气不好被迫待在鸽舍时稍作休息。

鸽舍一建好，养鸽人接下来就可以着手寻找鸽子了。

常见的蓝鸽既多产又容易养活，最受乡下人关注，正如大家通常所说，体形小的鸽子能繁殖的幼鸽最多；但是当繁殖的鸽子太小的时候，应该把蓝鸽和一些普通的鸽种混合养。获取鸽子时，注意不要选择羽毛颜色太耀眼的，因为它们不容易合群。人们会推荐深色的鸽子，倾向于灰色和黑色；尤其是那些眼中泛红，颈部有一圈金色羽毛的鸽子；根据一些人的判断，这样的标志无一例外地预示其生育能力强。

鸽子经常在中午休息，因为此时很适合，所以不应该打扰它们。早上和晚上是喂食的最好时间。也要留心给它们提供充足的水，这样不容易生寄生虫；要保持鸽舍清洁，经常往地面撒一些碎石。正确遵守这些规则会增加你饲养的鸽子量。

---

1　骰子第 5 个面上表示 5 点的形状。

为了喂肥乳鸽，使它们在冬季上桌，要在乳鸽会飞之前就饲养它们，当它们还又小又肥的时候，把它们翅膀上最大的翮羽取下来，这样它们就只能待在巢中；而它们吸收的营养物质不会因为运动而被消耗，因此很快就肥了。

　　为了自身的利益，养殖户们应该注意保持鸽舍清洁，而且要留好鸽粪；因为鸽粪是世界上最好的肥料，比其他所有动物的粪便都要优质。鸽粪富含一种氮物质，而且其性非常热，这让它成为阴冷、潮湿地面上极好的土壤肥料。

　　书中也有一些区分雄鸽和雌鸽的小窍门。

　　1. 雄鸽的胸骨通常要比雌鸽更长、更强壮。

　　2. 雄鸽的头部和脸颊更宽、更饱满，而且外表看起来比雌鸽更勇猛。

　　3. 雌鸽的排泄口以及排泄口附近的骨骼要比雄鸽更宽敞。

　　4. 在所有乳鸽中，在巢穴中"吱吱叫"时间最长的通常是雌鸽；当巢穴中有两只鸽子的时候，较大的通常是雄鸽。

　　5. 雄鸽的咕咕声更长，声音更高，比雌鸽更有阳刚之气；雄鸽在玩耍的时候通常飞半圈，而雌鸽很少如此，但是，偶尔也会有一只热情活泼的雌鸽表现得像雄鸽一样，玩耍的样子也和雄鸽很像，当发情的时候甚至会尝试与另一只鸽子交尾。

　　作者紧接着提醒大家，鸽子很容易就会被竞争者的鸽舍诱惑走。为了预防鸽子把头转向更奢华的家或是更丰盛的食物，作者推荐了以下技巧来确保鸽子一直高兴而忠诚地待在自己的鸽舍里。

　　取一只阉割过的山羊的头和腿，把它们放到水里一直煮，直到肉从骨头上脱落，全部化为胶状；接着放入一些干净的陶土，揉成面团状，然后做成小方块，在太阳下晒干，或者在炉子上烤干，要注意不要烧焦。烤干之后，把它们放到鸽舍最便捷的地方，鸽子很快就能来啄食——鸽子喜欢这个味道，绝对舍不得离开。有些人则将羊头放在尿液里，加上盐、小茴香和大麻一起煮。

## 如何处理蜜蜂蜇的伤口

詹姆斯·邦纳（James Bonner）所著的《养蜂人的指南和助手》（*The Bee-Master's Companion and Assistant*）（1789）一书给出了关于如何处理蜜蜂蜇伤的建议。

我们现在要来对付蜜蜂，有义务保护自己不被蜇伤。首先，蜜蜂很少蜇人，除非是被激怒或是被冒犯。因此，你要注意尽量不要惹恼它们，否则它们宁可失去生命也不会无视冒犯的行为。在蜂巢附近激怒蜜蜂，无异于从狮子身上拔胡须或是从熊嘴里拔牙，最好主动向它们投降：在这种情况下，唯一能做的事就是逃离现场，躲到房间里，从门缝里偷偷向外看，直到暴怒的蜜蜂缓和平静下来，被冒犯的记忆渐渐消退，然后再重新靠近它们。如果你来的时候就温柔而谦恭地走在蜜蜂中间，那么它们会非常友好地对待你。

不管你要怎样和蜜蜂打交道，都要举止温柔，镇定，文静，谦恭；不要鲁莽、匆忙地冲到它们中间；来的时候不要噗噗地吹气，也不要带着难闻的味道。当你向蜜蜂走近的时候，言行举止要像出现在赞助人面前请求恩惠那样。

当蜜蜂被激怒、要攻击人的时候，瞄准的主要部位是人的脸和手——它们知道这些是最易受伤害的地方。但是，如果这些部位有覆盖物，无法刺穿，它们就会围着人转圈，目的是侦察对方的遮蔽物上有没有没被盖严的地方，如衬衫、手臂、马裤、膝盖等部位的任何孔洞、裂缝等。如果它们在以上任何位置发现了哪怕是最小的入口，也会闯进去，把它们的刺针和生命全部留下。

可以开出许多补救的处方来治疗蜜蜂蜇伤（近乎徒劳无益）。许多人认为橄榄油或任何一种温和型的油都可以作为缓解物；有些人说压碎的欧芹可以缓解不适；从蜇伤人的蜜蜂身上取出的蜂蜜被认为是一种很好的缓解物；把芳香的硫酸盐烈酒充分涂抹到伤口上会抑制疼痛，消除肿胀……而重复试验证明，以上任何一种补救方式对蜇伤的治疗效果都很有限，与其说是某种疗法，不如说只是个机会。但是，我相信，它们有时能缓解疼痛。

蜂毒瞬间射出，疼痛和肿胀同时出现，此时一般很难找到缓解物。一旦我被蜜蜂蜇伤，就先把蜂针拔出来，然后取一种甘蓝类蔬菜、白蜡树或者任何手边能尽快拿到的绿叶，把它弄碎，抹到伤口上。如果靠近水，我会冲洗伤口，或者把一块冷的湿布压到伤口上，因为我觉得这样有时会让我舒服一些。但大多数情况下我根本不用补救，因为蜜蜂蜇伤很少会让我心神不宁，而且我知道一点儿耐心加上时间将会成为最有效的药物。

# 如何制作大麦茶

想起大麦茶，脑海中就浮现出在炎热的夏季看温布尔顿（Wimbledon）[1] 网球赛的舒适画面。《卡斯尔的家庭百科全书》一书就描述了如何自制大麦茶的方法。

取两汤匙大麦粉粒在冷水中冲洗，然后把它放到装有两品脱冷水的深平底锅中，煮沸，用小火慢煨，直到液体蒸发至 1 品脱。滤掉水分，根据个人口味加糖或者加盐。加一满杯牛奶，不管是热饮还是冷饮，都是令人惬意的无酒精饮料。

如果想用以上方法制作大量大麦茶作为健康饮品，趁水还热的时候，每品脱大麦茶加入半个柠檬的汁和一大汤匙糖。大麦茶每天都要新做，而且要放在凉爽的地方保存。

---

1　位于伦敦附近，是著名的国际网球比赛地。

# 如何搭帐篷

对于那些下定决心要露营的人来说，必须组建起机智、有序、自力更生和足智多谋的队伍，因为没有什么事像搭帐篷这样需要一个人使尽浑身解数了。

W. J. 皮尔斯（W. J. Pearce）在《定点与循环露营》（*Fixed and Cycle Camping*）(1909) 一书中提出如上建议。接着，他描述了如何搭建最流行的帐篷。

我们现在来谈谈一种非常流行的帐篷，这种帐篷在将来的某一天可能会普及……它被称作"加拿大帐篷"。

两幅材料就可以让帐篷建成 6 英尺长，但是，如果想特别舒服的话，我更喜欢 6 英尺 6 英寸的长度。这种帐篷有围墙——这显然有优势，能让帐篷不被雨水淋湿，而且也能让附近的地面更干燥。决定好帐篷的高度、长度和宽度，按比例画出来，留出 1 英尺 9 英寸到 2 英尺的空间筑墙。核算建帐篷顶需要多少材料，要绕下来到距离地面 6 到 9 英寸的位置，给屋檐预留出至少 15 英寸深的空间。我坚信要让帐篷顶尽量靠近地面，这样雨水就不会打到墙上，风也不会轻易吹进来。这些因素从一开始我就定好了，当专家接受这个建议时，我也很高兴……在这种情况下，帐篷顶距离地面不到 6 英寸，看起来比较小巧。最重要的一点是，当裁切门的时候，不要忘记把墙额外的高度增加到 6 英寸长的窗帘的末端。

把帐篷顶缝好之后，用切成三角形（不是圆形）的碎料来支撑孔眼，在准备放孔眼的边缘下要缝两块布，通常要沿着房檐的每边放 3 ~ 4 个孔眼，当然每个角落要放一个孔眼。如果你建的墙是 1 英尺 9 英寸或者 2 英尺深，增加 6 英寸材料用来装窗帘。墙和门所用的材料一样，沿着底部开一些洞或者用孔眼来安装小环。在门和墙里与屋檐连接处缝上两块"上等细麻布"[1] 做支撑，以承受这 4 点所受的张力。

如果用三幅材料做帐篷顶，就能搭一个 6 英尺 6 英寸的帐篷并给两边加上罩子。罩子可以为门遮风挡雨，也能为在帐篷外面做饭提供遮蔽……用这种设计制成的帐篷能够经住风吹雨打。我的"大加拿大人"可以让我在里面舒适地睡上 6 ~ 7 个小时。

帐篷做好之后，关于如何找到合适的地点搭建帐篷，皮尔斯给出了以下建议。

选露营区的基本原则是靠近水源，在树篱或者树木附近（不是下面）背风的平地上搭建帐篷，尽可能地靠近河流或者海洋，不受牲畜的打扰，但要靠近农场，便于获取黄油、鸡蛋和牛奶。露营地离车站不要太远，容易进入，干燥，有沐浴设施，如果是度过周末的话，离家不要太远。

---

1　由埃及棉制成。

一旦选定地点，露营者接下来就要搭建帐篷了。

刚到目的地的时候，充满了新鲜感与激动……要处理的第一件事就是"搭帐篷"。打开帐篷，在草地上完全铺开，让门在最突出的位置。注意撑杆摆好，固定在杆位里。要帮助持杆人把帐篷支起来，当其余的人都在固定红色转轮时，要保持帐篷稳定，然后收起这些明显的标志，确保4个转轮离帐篷的距离相等。在此之前，应该先把钉子摆一个圈，直径大概8码，放在方便拿的地方。要确保门朝着背风的地方开，在合适的距离处钉上4颗钉子，把拉绳固定到上面。用带子束紧门，用挂钩挂到墙上，然后继续把剩余的固定拉绳钉住，确保帐篷外观匀称。当其他人开包取出用品的时候，要有一个人继续钉住墙……帐篷要拉紧，不要有松垂。

一旦把帐篷搭建好，露营者就可以享受他们在野外的旅居生活了。

刚才描述的是刚到目的地和搭建帐篷的情景，接下来要讨论的是第一餐。通常是喝茶，伴随安静的聊天和吸烟，然后才做关于露营最后的工作和为第一天晚上休息的准备。第一天晚上睡觉时通常很兴奋，有时也有些焦虑。假如帐篷支得很牢固，就不会有这方面的担忧。可以想象，新手睡得很少，甚至到第二天早上才能合眼，这种坐立不安的时刻过后，通常会起得很早。但是一切在2～3天后就能尘埃落定了，此时露营的人会完全忘记周围的情况，睡上一宿好觉——一次长久的酣睡。

# 如何像绅士那样穿戴

有些关于穿戴的小技巧很快就过时了，但 1879 年出版的《全套礼仪：上流社会女士、男士和家庭礼仪宝典》一书给"型男"着装提供的秘诀却永不过时。

在欧洲大陆乃至英国穿着最考究的男士当中，黑色（尽管不只是神职人员可以穿）的使用频率（除了参加晚宴和用作晚礼服的时候）比以前少多了。人们更多采用了蓝色和棕色等暗色；而对于便服来说，其颜色种类之多，与面料种类几乎无差别。

如果你留有胡须，适度就好——太多胡须会让人觉得粗俗。要避免古怪的发型，既不要把头发转到下面打卷，也不要让头发自由蔓延散落，看起来就像"没有梳理，乱七八糟"的一团搭在衣领上；又或把头发剪得太短，给大家留下运动员的印象。

至于佩饰，避免佩戴所有闪光的宝石；如果需要装饰，对于袖扣和衬衫前面的紧固物来说，没有什么比造型简单的纯金更完美无缺了，金饰要加工得漂亮、有艺术性，大小足够彰显价值和耐用度就可以了。一位绅士为了方便戴表，既贴身又保险，而不戴其他耀眼的没用的装饰。表就像铅笔盒或钱包一样，选同类之中质地优良的——如果支付得起的话；表要漂亮，但绝不要华而不实。戴印章戒指的时尚并不统一，可能因为风潮持续时间不长，但这在此话题的细枝末节中仍占据一席之地。需要再次提醒，好品味的准则同样适用于其他装饰。如果要佩戴饰品，那么所有这种类型的饰品都要绝对的优良，趣味高雅。

# 如何捕捉和保存鳗鱼

以前，鳗鱼在英国的江河中非常多，因此成为英国烹饪的主角。鳗鱼馅饼、鳗鱼冻和鳗鱼土豆泥都是受欢迎的菜肴。尽管鳗鱼现在已经不再是主菜，约翰·梅尔（John Mayer）在他所著的《冒险家的指南和私人猎苑以及猎场看守人手册》（*The Sportsman's Directory and Park and Gamekeeper's Companion*）（1838）一书中仍推荐了以下技巧来捉鳗鱼和保存鳗鱼。

要想捉鳗鱼，在池塘的源头处要设计一些陷阱，这样当它们在大雨中拼命游的时候就能截住它们，或者放一些陷下去的装满了山羊内脏的锅。在沼泽沟里撒一张渔网（约 12 英尺长，约 9 英尺宽），把 3 个大小不同的箍放入袋中。为了保持渔网一直处于打开的状态，要把软木塞子和重的铅砣放到前面，两头各拴一根绳索，用来把渔网拉起。每次大约收 20 码，发现鳗鱼陷入泥潭中时，就用矛来处理。

抓住鳗鱼后，若想储存鳗鱼，就用砖块筑一个 3 英尺深的水池，其中的水来自流动的溪流；把鳗鱼放入，用小圆木做一个柴把，两端都拴上细链条：再用另一根链条同这两根链条拴在一起，预留足够的长度，使其中间部位能够到水池边，水池里有一个吊钩把它钩起。鳗鱼会钻入柴把，尽快向上拉柴把，然后你就可以用鳗鱼随意做菜了。

# 如何在漫长的海上航行中生存

在空中旅行出现之前，旅游爱好者们花大量时间进行海上航行的情况并不罕见。例如，在 1833 年，蒸汽船从英国驶到美国需要 22 天，驶到澳大利亚则大约需要 4 个月。P. B. 查得费尔德（P. B. Chadfield）在 1862 年所著的《出海或海上移民》（*Out at Sea; or, The Emigrant Afloat*）一书中包含了大量针对海上旅行者的建议。

人们经常说，人类性格在船上的发展要比在任何社会阶段或情境下都要剧烈。懒惰的人变得更加懒惰，自私的人变得更加自私，难相处的人变得更加难相处。原因很简单，即使是在空间宽敞的船只上，所有人的脾气和耐性也会因为这人群所产生的诸多烦恼和不便而经受重大考验。

根据船上的规定，乘客要在早上 7 点起床，晚上 10 点回去睡觉，因为在这个点所有铺位的灯都会熄灭……唯一能够正当违背 10 点睡觉这条规定的例外是在天气炎热、下雨或者其他原因阻止了甲板间的正常通风时，这时，许多乘客会很自然地对卧铺的密不透气产生抵触。

查得费尔德接着描述了船上的伙食是怎样安排的。

为了便于做饭、吃饭和分口粮，轮船上每个部分的居住者通常要被分成 8 人一组的伙食团。每个这样的小团体中都有一位队长或管理人，由出纳员从他们 8 人当中选出，目的是照管好他们这个伙食团的利益。

通过参照配给口粮的清单可以看出，统舱的 8 人伙食团可以分到 8 磅罐头肉、10 磅咸牛肉和 8 磅咸猪肉。这些加上其他的口粮，构成了以下食物清单：

周日——3 磅罐头肉，加葡萄干的牛油布丁。

周一——4 磅猪肉，豌豆汤。

周二——5 磅牛肉，腌制的土豆。

周三——2 磅罐头肉，大米饭和牛油布丁。

周四——4 磅猪肉，豌豆汤。

周五——3 磅罐头肉，大米饭。

周六——5 磅牛肉，土豆。

厨师会在早上 8 点和下午 5 点各供应一次热水，用来沏茶或者冲咖啡。燕麦粥或者牛奶燕麦粥有时可以用来替代早餐。

对于任何一个不习惯海上旅行的人来说，这都不像一顿丰盛的饭；但是，你要记得在船上的运动量并不大，因此和在岸上相比，需要的食物量也要少一些。

在要结束对出海旅行饮食建议的时候，查得费尔德给出了他所谓的"咸肉面饼"这种讨人喜欢的食品的烹饪方法。

可以用以下两种方法来制作咸肉面饼。一种方法是把一层土豆和几片洋葱放到一个深平底锅的底部；然后加一层熟肉，上面加一层面包皮，不要忘记在中间留个"天窗"（海员们都这样叫），然后再放一层肉和一层土豆，和先前一样盖上一层面包皮。这是"双层夹心面包"，如果需要"三层夹心面包"的话，每种料都再加一遍，再加一层面包皮。加入足量的水盖过最上面那层土豆，一直煮直到土豆完全煮熟。

　　另一种方法是把所有的配料都混在一起，把面团切开，揉成小的块状，放在最上面；然后整个煮，直到土豆完全煮熟。这是比较简单的方法，但是和第一种方法做出来的味道一样好。

# 如何在骑马时侧骑

1880 年 2 月中旬的一天，一个由几千人组成的规模浩大的队伍，在都柏林附近一位贵族的宅院草坪上集合，表面上是为了狩猎，实际上是为了观看和见证一位最近才来我国的非常杰出的外国女士的壮举。

对我来说，"骑马的女士"是一道吸引人的景观，因此我一直看着她们，而且只看她们。大家每天都能看到绅士骑手，但是骑马的女士比较罕见；每次清早的狩猎队伍里会有 150 名骑马的男性，整装待发，但是平均只有大概 6 名女性，其中不到 3 名会骑马纵狗打猎。

但是，在我写下上面记录的那一天，骑马的女性绝不在少数，可以说，至少有 200 名女性在草坪上。有些女性骑马的技术如此精湛，打扮也是如此漂亮，甚至最吹毛求疵的人也挑不出什么毛病。但是大部分女士——我该怎么说呢？唉！没有什么令人满意的地方。这样的马，这样的马鞍，这样生锈的缰绳，这样的骑马习惯，这样的帽子、鞭子和手套，最糟糕的是，这样的头饰！我灵魂深处感到万分遗憾。

因此，有人给我们推荐了一位令人感到惊喜的女士，被称作鲍尔·欧多诺霍夫人，她在其 1889 年出版的著作《女骑士》一书当中，让我们见到了维多利亚时期女骑士的样子。在进行了上述这样一个颇有趣的铺垫之后，欧多诺霍接着给出了关于女士如何学会侧骑的建议。

我认为学习骑马时不用马镫是很令人钦佩的。当然，我的意思并不是说女士在停马换乘或者外出打猎的时候不该要这些附加物的帮助，但为以防万一，女骑士有必要学会在没有马镫的情况下骑马。这种训练带来的好处是多方面的。首先，这能提供一种平常的骑马方式所不能提供的自由和独立；其次，这样在跨越篱笆的时候能给女士提供一个极好的、安全的座位；第三，这是一种学会在骑马时保持平衡的极好的方式；第四，尽管表面看起来困难，但侧骑最终是一种很简单的方法，因为当再次使用马镫时，一切将会看起来不可思议地轻而易举，所有的障碍看起来都从学习者的道路上消失了。

在马鞍上坐得端端正正是非常重要的；如果你养成了弯腰的习惯，其影响就会日益严重，不仅影响外形的美观，有时还会引起严重的事故，虽然这种事情发生的概率不大。如果马突然昂头，会撞到骑士的鼻子，让骑士流很多血，很长一段时间都难以恢复。

一旦你在马背上感觉熟悉和舒适，也适应了马的移动方式，你的陪同人员就会驱马慢慢地小跑。那么现在你就要做好准备，因为伤心之事即将上演。你的第一感觉是就像快被摇晃散架了。当然，你对在马鞍上站起来的技巧一无所知，马的小跑让你觉得摇晃得很厉害。你的帽子会摇晃，你的头发会飘起来，双肘会重重地碰到身体两侧，总而言之，你会感到很痛苦。但是你仍然勇敢地坚持着，尽管你可能被这个严峻的形势吓得快要哭出来了。

为了减轻你的痛苦，陪同人员会让马从小跑转到慢跑状态，然后，突然之间，你感觉仿佛进入了天堂。这种运动美好极了。你什么都不用做，只需贴紧马鞍，就这样欢快自由地在马背上前行。这种心醉神迷的感觉太强烈了，但是不能长久。唉！这样你永远都学不会骑马，所以你不得不再次回到马小跑、摇晃的状态，这种状态带来的恐惧比你以前所经历的任何事情都要可怕。你尝试让自己稍微舒服一些，但是彻底失败，最后你从马背上下来——感到又热又累，心灰意冷。

欧多诺霍说话并不矫揉造作，她指出，从初学骑马到成为一名潇洒、镇静的侧骑专家，需要很长的过程。她还给出了另一个马脱缰时如何处理的至关重要的小窍门。

倘若马失控，你当然必须依照当时的形势和周围的情况做决定，但我的建议一直是，如果你前面是平坦的路，那么就放手让马跑吧。不要试图控制马，因为你通过缰绳给马施加的支撑只能让事态更糟糕。放任马头一直保持自由的状态，当你看到马显出倦态的时候——没有缰绳支撑，马很快就会疲倦——勒住马直到马停下不动。我敢保证，一匹马如果受到这样的待遇，尤其是你在上坡的时候制服了它，它很少会第二次逃跑。这匹马将对它受到的惩罚永生难忘，也不想重蹈覆辙。

# 如何保存家禽制品

在家用冷冻机普及之前，保存食物通常装瓶或者装罐，西里尔·格兰奇在他 1949 年出版的《家庭食品保存大全》一书中推荐了以下方法，来保存多余的家禽制品。

在大多数情况下，最需要保存的就是家禽制品，因为人们会饲养很多家禽，总有那么一个时期，家里的家禽太多了，一次根本吃不完，需要用其他方法处理。

准备工作和烹饪。完全新鲜和清洁是必要的。去掉大骨头，这样打包的时候会节省空间，做准备和烹饪的时候和上桌时基本一样，唯一不同的是，肉类没完全变软前务必不要烹饪。消毒是烹饪的最后一个环节……不要把生肉打包。在烹饪时，加入必要的佐料，但是不要加到罐子中。肉上面也不要放面粉等。

烧烤的味道最好，但有时我们更喜欢煮，而且煮的肉自然有其独特的风味。老母鸡最好是煮或者蒸；童子鸡最好烧烤。火鸡、鹅和鸭子也应该烧烤。鱼则可以煮、烤或者油炸。

就和要上桌一样，烹饪的时候尽量保持或引出食物的香味。

等肉熟到合适的程度时，就趁热把它放到加过热的瓶子或者罐子里。这些瓶子必须加热，否则如果瓶子是凉的，突然接触热的肉可能会瞬间爆裂。

要迅速地把肉等切成能装进瓶口的小块。不要让任何一块肉接触到瓶身或者罐子的顶部及盖子，因为油脂会阻碍密封。

容量一夸脱[1]的瓶子能装下 3 ~ 3.5 磅做熟切块的鸡……如果是小鸡的话，可以捆紧，整个放到瓶子里，但如果鸡的个头比较大，就必须切成方便装的小块，这样的话，一块挨一块都能装进去。如果是家用，最好在打包之前把家禽切块，不然的话，就会造成空间的极度浪费。

当每个容器都装满之后，倒入一层液体覆盖在上面，高度不要超过距离顶部 1/2 英寸的位置，刚刚盖住肉就好。

这种覆盖液体可以是高汤……高汤应该先过滤，晾凉，去除脂肪，然后再次加热到沸点，这时就可以往瓶子里装了。

"消毒"要使用高压锅炖（一只整鸡需要一个小时）。

---

1　1 英制夸脱约等于 1.1365 升。

# 如何用纸牌进行英国式算命

格兰德·奥连特（Grand Orient）1889 年所著的《纸牌占卜手册：算命和神秘的占卜》（*A Handbook of Cartomancy: Fortune-telling and Occult Divination*）一书揭示了用纸牌算命的秘密。

用纸牌算命和所有纸牌游戏一样，王牌地位最高，价值最大。然后是国王、王后、杰克、十、九、八和七，其他数字依次排开。

不同花色的相对价值如下：位列榜首的是梅花，因为它们大部分都预示幸福，而且不管数量多少、组合方式怎样，几乎没有不好的预兆。然后是红桃，红桃通常象征着快乐、慷慨大方和好脾气。与之相反，方块意味着延期、争吵和烦恼，而黑桃是最糟糕的，象征着悲伤、疾病和金钱的损失。

当然，我们通常认为，纸牌的位置会影响它们的意义，单张牌和组合中的相对意义经常有很大的不同。例如，红桃国王、红桃九和梅花九分别预示着心胸宽大的人、快乐和恋爱成功；但是如果改变它们的位置，把红桃国王放到红桃九和梅花九之间，那么你会读出：现在富有幸福的一个人，不久之后，将被送到监狱。

纸牌的意义如下。

梅花 A：财富，幸福和内心宁静。

梅花 K：忧郁的男人，正直、忠诚、感情丰富。

梅花 Q：忧郁的女人，温柔、讨人喜欢。

梅花 J：一个真挚但轻率的朋友，或一个忧郁之人的想法。

梅花十：收到意想不到的财富，以及损失一位亲密的朋友。

梅花九：不顺从朋友的希望。

梅花八：一个贪婪的男人。也是小心有人投机的提醒。

梅花七：预示好运和幸福，但是吩咐一个人要谨防异性。

梅花六：预示生意会赚钱。

梅花五：明智的婚姻。

梅花四：提防为了金钱利益而导致目标产生反复无常和改变。

梅花三：表明一个人将会有不止一次婚姻。

梅花二：一件令人失望的事。

方块 A：一封信——至于信是谁写来的、内容有关什么则必须通过邻近的牌来判断。

方块 K：一个公正的男人，脾气暴躁、固执，报复心强。

方块 Q：一个公正的女人，喜欢热闹和打扮。

方块 J：一个只考虑自己利益的近亲。也指一个公正的人的想法。

方块十：金钱。

方块九：表明一个人喜欢流浪。

方块八：晚婚。

方块七：讽刺，恶语中伤。

方块六：早婚和丧偶。

方块五：出乎意料的消息。

方块四：由不忠实的朋友引发的麻烦；也指被出卖的秘密。

方块三：争吵，诉讼和家庭矛盾。

方块二：违背朋友意愿的订婚。

红桃 A：房子。如果伴有黑桃，则预示争吵；如果伴有红桃，则预示喜爱和友情；如果伴有方块，则预示金钱和远距离的朋友；如果伴有梅花，则预示参加宴会和寻欢作乐。

红桃 K：一个公正的好脾气的男人，但是轻率鲁莽。

红桃 Q：一个公正的女人，忠诚，审慎，有爱心。

红桃 J：咨询方最亲近的朋友。也指一个公正的人的想法。

红桃十：预示幸福和多子；能够矫正邻近的牌预示的坏消息，加强邻近的牌预示的好消息。

红桃九：财富和崇敬。也是许愿牌。

红桃八：快乐，陪伴。

红桃七：一个薄情的假朋友，你要小心提防。

红桃六：一个慷慨大方但是容易轻信的人。

红桃五：没有事实根据的嫉妒引发的麻烦。

红桃四：一个很难打败的人。

红桃三：一个人因自己的鲁莽行为所引起的悲哀。

红桃二：巨大的成功，但是需要同等谨慎和注意来保卫它。

黑桃 A：巨大的不幸，怨恨。

黑桃 K：一个忧郁的、野心勃勃的男人。

黑桃 Q：一个恶毒的、忧郁的女人，通常是个寡妇。

黑桃 J：一个好逸恶劳、容易嫉妒的人；一个忧郁的男人的想法。

黑桃十：悲伤，监禁。

黑桃九：意义非常糟糕的一张牌，预示着疾病和不幸。

黑桃八：警告一个人要注意自己的事业。

黑桃七：损失一位朋友，而且随之而来的还有许多麻烦。

黑桃六：勤勉致富。

黑桃五：表明一个人的坏脾气需要纠正。

黑桃四：疾病。

黑桃三：一次旅行。

黑桃二：一次免职。

以上已经给出了各种牌所象征的意义，现在我们要接着描述它们的使用方式。在充分洗牌之后，切牌三次，然后每排9张，把它们摆开。任选一张你喜欢的K或者Q代表你自己，不管那张牌放在哪里，每次都数出9张牌来，把它们当成一个整体；每次的第9张牌就是有预示意义的那张。在开始数牌之前，要根据每张牌各自代表的意义以及它们组合起来的相对意义仔细研究牌的配置。如果是已婚女性用牌算命，她选了某个花色的Q之后，必须让丈夫选同一花色的K；但如果是单身女性，她就可以让她最钟爱的异性朋友选取她喜欢的任一花色的K。由于不同花色的J代表了拥有相应花色牌者的想法，因此，也应当从它们开始数起。

# 如何制作甜当归

素有"草药天使"美称的当归，原产地是北欧。在北欧，长久以来，当归都被用作让蛋糕更美味的调味品或果酱、馅饼以及面包屑中的香料。尽管当归后来不再那么流行了，西里尔·格兰奇在他 1949 年出版的《家庭食品保存大全》一书中仍给出了关于如何自制甜当归的建议。

你知道，当归是松糕、蛋糕和各式雪糕的理想调味品。当归很容易种植（4～5 英尺高），用糖煮很方便。

在 4 月采摘幼嫩的绿色茎秆。切掉根尾和叶子，把茎秆放在盆里，倒上一种煮沸的浓盐水（1/4 盎司盐加 2 夸脱水）。

煮 10 分钟，用冷水漂洗，放入一个有煮沸的淡水的深平底锅里，煮 5 分钟。挤掉水，剥下外皮。

现在该用糖水煮了。把一磅糖溶解到一品脱水里，煮沸，然后泼到盆里剥下皮的茎秆上。

用 5 天时间把当归浸泡在新鲜的糖浆里，从第 6 天开始，拿出来晾 3 天。

捞出茎秆，放到网托盘里，在 38℃到 49℃之间的低温烤箱中烘干。

把当归茎秆装到瓶子里，储存在干燥、凉爽的地方。

# 如何举办鸡尾酒会

　　人人都喜欢参加派对，但是安排派对的花样太多会令许多主人栽跟头。幸运的是，《卡斯尔的家庭百科全书》一书给出了关于如何举办鸡尾酒会的永不过时的建议。

　　鸡尾酒会通常是安排在晚饭之前的非正式聚会，时间通常是从晚上6点到7点或者7点半，有时，这样的派对在稍晚一些的时间举办，那时开胃品托盘里会摆上各种各样的小点心。这些点心可能是热吐司和三明治，还有烤的腌鱼和腌熏鲱鱼（去掉鱼刺和鱼皮，并加柠檬汁和一点辣椒）的拼盘，或者是一份烤咸猪肉。抹上黄油的热吐司切成小方块，上面可能会加一匙鱼子酱或者一卷凤尾鱼；油炸马铃薯片等菜肴也深受大家欢迎，在鸡尾酒会上，可以用手抓着吃。其他适合这样场合上的茶点还有带包装的三明治，里面有一些开胃馅料，如熏制鲑鱼、腌熏鲱鱼脂、有填充的橄榄、涂了黄油和加了鱼酱的原味饼干、腌制杏仁和干酪片。

　　让我们翻过刚才提到的令人吃惊的"腌熏鲱鱼脂"这一页，开始谈饮品吧。

许多种鸡尾酒都能在家里自己制作，仅仅需要一个调酒器、一对镍容器来使配料充分混合，确保鸡尾酒可以冷却就足够了。大部分鸡尾酒都需要碎冰。对于一个搅拌器来说所需的全套装备是以下原料各一瓶：干杜松子酒、威士忌酒、白兰地酒、淡雪利酒、法国和意大利味美思酒、安格斯特拉苦酒、橘子苦汁、原味糖浆、橙皮糖浆、红石榴或者覆盆子糖浆。除此之外，还有其他配料，如橙子、柠檬、鸡蛋、罐装菠萝和苏打水。如果是原味鸡尾酒，上桌时往杯中放一颗橄榄，如果是甜味鸡尾酒，则放一颗樱桃。

现在，读者已经对举办鸡尾酒会有了清楚的了解，那么接下来可能要建议读者参照本书 17 ~ 18 页上的礼仪，确保聚会能够顺利举行。

# 如何使蜜蜂安静下来

养蜂人必须首先掌握的技能之一就是如何使一群蜜蜂平静下来，1890 年出版的《现代养蜂学：农场雇工手册》（*Modern Bee-Keeping: A Handbook for Cottagers*）一书给出了以下方法。

在我们从蜜蜂那里得到任何真正的乐趣之前，必须学会控制蜜蜂。有些蜜蜂脾气很好，加上我们温和自信的应对，便几乎可以完成想做的任何事情，而不会冒太多被蜇的危险（纯种意大利和利古里亚蜜蜂尤其如此）。而其他种类的蜜蜂天生易怒，但是不管它们有多么乖戾，也能用我们现在要说明的方法驯服。所有村民都知道，当蜜蜂在群游的时候，蜇人的倾向微乎其微，因为它们满载蜂蜜。在这种状态下，除非真正被伤害，否则它们不会蜇人。

那么，如果能让蜜蜂吃饱，我们就能控制它们了。把一些烟雾吹到它们之间就能实现这一点。最好不要使用烟草，一小点烟就足够了。我们可以取一卷牛皮纸、碎旧棉布或者灯芯绒，用火点着，等冒烟的时候，把烟吹到蜂巢入口处。看到烟，蜜蜂会因为受惊紧急飞向它们的蜂蜜，如果几分钟后我们撩起棉被或者抬起草编蜂窝（一种传统的带穹顶的编织的蜂箱），就会发现大量蜜蜂把头埋到蜂房的巢室里，正以最快的速度喝蜂蜜。

　　因此，我们有充分的理由把烟雾称作能使蜜蜂安静下来的安静器。但是，烟雾不是唯一能使蜜蜂安静下来的东西。近来，人们经常使用石炭酸来使蜜蜂平静下来，而且石炭酸和烟雾相比，有一些优势，因为它使用起来更简单，而且效果同烟雾一样，引起的干扰却较少。与此同时，它还是一种强劲的消毒剂，而且能预防污仔病（蜜蜂幼虫的疫病）和其他疾病。使用石炭酸的时候必须多加小心，因为它是一种极强的酸，会把皮肤烧得起水泡，而且有很强的毒性。作为蜜蜂的安静器，石炭酸只能用以下比例在溶解状态使用：一夸脱温水中加入一盎司卡尔弗特 5 号石炭酸（calvert's No. 5 carbolic acid），充分搅拌，在使用前记得摇晃瓶子。在以上溶液中再加入一盎司甘油会让溶液更完美。它的使用方法非常简单。取一支鹅毛管或者小刷子，蘸上溶液，从蜂箱框架上掠过，直到蜂箱的中央有棉被覆盖的地方。蜂箱的另一边用同样的方法处理，这样，对蜜蜂的操纵会从两边进行，刷子则一直保持备用状态。有时只需在蜂箱边框的上面刷几下，无须其

他措施，就能让蜜蜂完全安静下来。和受到烟雾影响的蜜蜂相比，受石炭酸影响的蜜蜂群集和碾轧蜂巢的可能性较小。

养蜂人必须穿上适合的防护衣，以防使蜜蜂安静下来的行动失败。

可以用粗糙的黑网制成的面纱给脸部提供全面保护。把这样一块大约 27 英寸长、24 英寸宽的布片做成一个无底的袋子；在顶部周围加上褶边，里面放上松紧带。这种面纱要戴在帽子外面，塞进脖子里，用衣服的扣子扣到里面。可以用非常厚重的羊毛手套来保护双手，但是这种手套很笨重，而且当蜜蜂发现蜇不到裸露的双手时，会不断重复地蜇手套。所有希望成为养蜂家的人，每当考虑到每一只蜇过手套或者手的蜜蜂都会死去，就会摘下手套，而且会发现蜜蜂蜇伤给他们带来的烦恼会越来越少，直到有一天，被蜜蜂蜇后，既不再有肿胀感，也不再有恼怒。

如果前面的建议都不奏效，请参看本书 146 页提到的如何处理蜜蜂蜇的伤口。

# 如何困住蚂蚁

埃德蒙·C.P.赫尔在他1874年出版的《欧洲人在印度》一书中描述了讨厌的蚂蚁在印度有多么无孔不入，打扰正常的生活。

在印度，蚂蚁数量格外地多，从公路到卧室，每个地方都有蚂蚁。它们很讨人厌，在仓库和食品柜里，如果不煞费苦心把它们赶走的话，它们就会坚持对所有的东西都来分一杯羹。每一个果酱罐子都会成为它们寄居的营房或死去蚂蚁的墓穴；桌子上如有一块面包，掰开，可能会意外地释放一小团蚂蚁；搅拌茶水的勺子表面可能会粘上几打过分嗜甜的蚂蚁受害者……诸如此类，几乎所有的东西都是如此。至于蜜饯，有时甚至很难确定它们的成分里到底是水果多一些还是蚂蚁多一些；而早餐桌上放着的凉了的羊腿，通常需要用刷子刷掉上面狼吞虎咽的千军万马。如果一点面包屑掉到地上——事实上只要任何可食用的东西掉到地上，上面很快就会黑压压地爬满蚂蚁，小一些的食物则会直接被蚂蚁稳稳地拖到它们在地下的洞穴里。

赫尔接着描述了一些非常聪明的办法，可以把这些讨厌的家伙困住。

摆脱蚂蚁最好的办法就是用水隔绝，尽管据说它们可能会跳跃、游泳或者在一个（对它们来说）相当宽的运河上搭一座桥。不管是餐具柜、保险箱还是任何保存物品的器具，都应该放在装有水的容器里。为了实现这一目的，集市上有锡容器售卖。床榻也应该用同样的方式处理。据本地人说，把碎布条浸上苦楝油[1]，绑在家具腿儿周围，也能有效地阻碍蚂蚁入侵。

---

1　苦楝油由印度苦楝树的种子制成，更多的时候，这种树在印度本土和斯里兰卡被称作尼姆树。这种油按传统通常是用作杀虫剂或者治疗哮喘和关节炎的药物。苦楝油闻起来有辛辣的气味，吃起来有苦味，如果小孩摄入则非常危险。

# 如何给马装马蹄铁

威廉·亨廷（William Hunting）1895 年所著的《装马蹄铁的技术》（*The Art of Horse-Shoeing*）一书中有大量关于如何给马装马蹄铁的实用建议。首先，我们需要认真做好给马掌试穿蹄铁的准备工作。

蹄铁术是给马装马蹄铁的技术，只有在蹄铁厂经过长期的实践训练才能正确学会。如果马掌不是活物的话，高超的工艺足以应对。但是，因为马蹄会不断生长，马蹄的形状也不断改变，因此，蹄铁匠的责任不仅是把蹄铁固定到马蹄上，还需要在装马蹄铁之前把马蹄修整到合适的大小。

业余爱好者们"廉价"的智慧通常体现在这句话中："要让蹄铁适应马蹄，而不是让马蹄适应蹄铁。"正如其他教条主义的陈述一样，这是只包含了一半事实的不合格的论断。马蹄和蹄铁应该相互适应。几乎很少有马匹不需要修整马蹄就能装上合适的马蹄铁。一般说来，当马被送到蹄铁厂的时候，马蹄通常都因生长过快而很不合比例，在少数情况下——如在某次旅途中蹄铁掉落——马蹄会磨损或者角质层呈不规则的残缺。不管是哪种情况，蹄铁匠都需要在安装新的马蹄铁之前修整马蹄以获得最好的支撑面。

一旦做好了马蹄的准备工作，蹄铁匠就可以开始准备装马蹄铁了。

作为马蹄铁的制作材料，没有什么能与优质的可锻铸铁媲美。这种铸铁可以打造成各种规格的铁条来适应不同形状和重量的马蹄，而这种材料制成的旧马蹄铁可以一次又一次地重复加工使用。

不管蹄铁有什么特殊的图案或者形状，主要的打造目标都是——蹄铁要轻便，用几颗钉子就能简便、稳稳地固定，能维持3周到一个月，而且，能给马提供好的立足面。所有马蹄铁都应该制造得牢固，没有裂缝。

要先拿蹄铁和马蹄比一下，然后加热蹄铁，把蹄铁后跟去掉或者削减到合适的长度。每个蹄铁都要调整到适应马蹄壁的轮廓，而且有必要提醒新手，马蹄里侧的边线和外侧的边线并不一样。

一个合适的蹄铁应该完全贴合马蹄……在一个塑好形的马蹄上，蹄铁应该从脚趾到脚后跟都贴合马蹄的外线，但是，在马蹄后跟向里翻转的地方所安的蹄铁比后跟宽是有优势的，因为这样马蹄的底部就不会受限制，马腿也会获得更宽的支撑面。

假如钉眼安装位置恰当，当蹄铁的边缘与马蹄的四周紧密贴合的时候，钉眼就到了正确的位置。

# 如何选择肥料

敏锐的花匠或农圃管理员都充分认识到了给土地施肥的重要性，约翰·特鲁勒博士（Dr John Trusler）在他 1780 年所著的《实用耕种或务农技术》（*Practical Husbandry; or, the Art of Farming*）一书中讨论了多种粪肥的选择方式。

对于农夫来说，给土地施肥是至关重要的，若在此事上稍有疏忽，就永远不能期望有好收成；事实上，施肥是耕种的生命，没有施肥，土地的耕种就很难进行下去。

以下是一系列粪肥以及它们的用途，大部分粪肥都很容易获取。

马粪：新鲜的马粪适合寒冷的硬黏土；腐烂之后，适合所有类型的土地。

牛粪：肥沃，散热；适合干燥的沙地。

猪粪：同上。猪粪本身味道太浓烈了，但它是堆肥的理想成分。

绵羊粪、兔子粪、山羊粪、鹿粪等：它们是非常温暖、上乘的根外追肥。每天晚上把一群绵羊赶到休耕地里是一个好办法。60 只绵羊在 6 周的时间内，就可以给 6 英亩土地施好肥，相当于 10 车粪。

鸽子粪：大部分粪肥当中最热的，适合做堆肥。

鸡粪：适合做根外追肥。

鹅粪和鸭粪：同
上。有些人认为它们糟
蹋了草地，因为马不喜
欢吃饲养鹅的地方的
草，但这是因为鹅粪当
中富含较多盐分。

人的粪便：人体

粪便性热，只适合做堆肥。如果一月份时在必要的地方撒上罗氏
石灰，就能去掉恶臭，使其风干，便于施肥。

人的尿液和牛、狗等的尿液：这些尿液与其各自的粪便性
能一样，而且有一个优势，就是不会滋生野草；如果把这些尿
液加上等量或者 2/3 的水，用洒水车洒到地面上，就会成为根
外追肥。

死去的动物：应该埋到堆肥里。

屠夫处理后剩下的废血：这是一种气味非常浓烈的粪肥；为
了便于运输，应该先与泥土、沙子或者锯屑混合，然后可用作任
何一种土地的根外追肥。

# 如何制作全脂奶酪

这里要描述的是已经失传的自制全脂奶酪的技术，选自约翰·伯克所著的《英国家政》一书。

制作鲜乳奶酪——由没有脱脂的牛奶制成的奶酪——的方式是，把梯状物横放到奶酪桶上，全部用大帆布覆盖，以防牛奶溢到地面上或者其他东西掉进罐子中，在这上面放上滤网，用来过滤牛奶。温度应该保持在 90 ~ 95 摄氏度，如果低于 85 摄氏度，就要把奶酪的一部分放到一个深黄铜锅里，锅要浸在水里，水要在洗濯场一直热着。用这种方式，奶酪各个部分会均等受热。最重要的是要多观察奶酪，因为如果牛奶不够热，当把凝乳酶加入的时候，凝乳就太软了，奶酪会从边缘突出来……然后立即再加入凝乳酶，这样牛奶就能在自然高温下凝结……然后把凝乳切成小块，把乳清完全挤出，用盐腌制，用布包裹，然后放到奶酪桶或其他容器里，大小的话，怎么方便怎么来，或者通常在邻近位置制取另一块奶酪；用大小适合的重物压在奶酪上面，不时地翻翻个儿，直到奶酪够坚实，可以从模具中取出，放到奶酪架或者奶酪房的地板上，在这里，也要时不时地给奶酪翻翻个儿，并用盐干擦，直到奶酪变得适合出售。

# 如何保存鸡蛋

为了拥有大量新鲜的鸡蛋，许多家庭都自己养鸡；但是，每年都有些时期（如这些家禽换羽的时候），这些家禽可能不下蛋。因此为了给房主提供稳定的鸡蛋供应，建议大家在供大于求的时候保存一些鸡蛋。西里尔·格兰奇在他 1949 年出版的《家庭食品保存大全》一书中详细描述了保存鸡蛋的方法。

每颗要保存的鸡蛋质量都要适合，这是非常重要的。鸡蛋必须是新下的（7 天以内下的），干净（最好不要用水清洗）、坚实、均匀，蛋壳结实又光滑，而且最好是不能孵小鸡的（即未交配的母鸡下的蛋）。

水玻璃：选好的鸡蛋要大头朝上放到容器里，把已经准备好的溶液泼到鸡蛋上，或者把鸡蛋装到篮子里沉到溶液里。溶液是通过把一磅"水玻璃"（硅酸钠）溶解到一加仑煮沸又晾凉的软水里面制成的，这些够保存 100 颗鸡蛋了。

溶液的深度必须超过最高的一层鸡蛋至少两英寸，以备水分蒸发。最好每天收集了鸡蛋就放到容器里保存起来，而不是一直等到收集了足够装满容器的鸡蛋再往里放。

把容器装满和包装之后，必须用一块双层厚的密织布料盖住容器以防尘土进入，这样也可减缓溶液蒸发。然后把容器放到一个阴凉、通风、干燥的地方。食用的时候，先用水洗一下就可以，不需要其他操作。

# 如何人工制造蜂群

当养蜂人想把蜂群移到新的蜂窝或者把当前的蜂群分开的时候，他们必须让蜜蜂成群飞（需要蜂后和一些工蜂一起离开才会形成新的蜂群）。弗兰克·切希尔（Frank Cheshire）所著的《实用养蜂学》（*Practical Bee-Keeping*）（1878）一书给出了以下人工制造蜂群的办法。

蜜蜂自然的增长方式——"群集"，需要很长时间，并且伴随着许多不确定性和不方便。因此，现在很少有养蜂人不亲自动手操作这个事情，通过各种各样制造"人造蜂群"的方法来增加他们的蜂群。

无须多说，如果全靠蜜蜂自身，蜂群有时会停在最不方便的位置，在最不方便的时间相互脱离，或因为无人在附近看守而迷路。

在我们人为地让有固定蜂巢的蜜蜂群集之前，我们有必要充分了解把蜜蜂从它们的家园驱赶出来的艺术，这样就能把蜜蜂置于我们的掌控之中。接下来描述的是通常要进行的计划。对被驱赶的蜜蜂的草编蜂窝吹一两缕烟雾——这些烟雾是由烟草、燃烧的碎布或者阴燃的木块塞到蜂巢口引发的，以此来吓唬里面的居住者，让它们喝饱蜂蜜。然后把蜂巢从地板上提起来，口朝下，底朝上，放到一个盆或者桶上，这样，蜂巢就有牢固的支撑点了；在上面放一个空的、与先前的蜂窝直径完全一样的草编蜂窝；把某种类型的环状毛巾或者绷带捆到这两个蜂窝的边缘，要捆紧，不留缝隙，确保任何一只蜜蜂都无法逃脱。现在，人们要用木棍或者用双手敲打装有蜂巢和蜜蜂的蜂窝，这样就能使整个蜂窝震动，此时，镇静的蜜蜂早已被烟雾吓得魂飞魄散。这种敲打要连续不断，但是不要用力过猛，否则我们很可能把蜂巢从附着物上震下来，这样只会把我们的蜜蜂埋到它们城池的废墟当中。在1～5分钟的时间内，我们就会发现蜜蜂四处猛冲，拍打翅膀的时候发出呼啸声，飞到上面的蜂窝里，当把两个蜂窝分开的时候，就会发现蜜蜂挂在上面蜂窝的顶部，看起来就像自然的蜂群一样。

在施放了一阵烟雾之后，把烟雾源移开，上面放一个空草编蜂窝来收纳和取悦那些从田里回来的蜜蜂。敲击蜂巢，仔细留意蜂后是否飞出来。只要养蜂人有敏锐的眼力，就很少会遗漏蜂后，但如果没有看到它，可以把盛有蜂群的蜂巢（严格来说是人工形成的蜂群）翻过来仔细检查。如果女王陛下没有现身，剧烈地向周围摇动蜂群，当蜜蜂像杂货店的一大堆葡萄干一样滚到一起的时候，我们搜寻的目标会被抛到最顶层，从而被我们在蜜蜂中间发现。当它们沿着蜂巢边缘向上爬行（因为它们接着要飞行）并在蜂巢上密密麻麻群聚的时候，急剧地敲击蜂巢外面，把它们震下来。如此重复几次，只要蜂后存在，我们就一定能发现它，一般都不会失败，尽管蜂后竭力想藏到它那些撤退的孩子们后面。找到蜂后之后，把人工形成的蜂群放到原来的支撑物上，然后把在此期间从田野飞回诱蜂窝的蜜蜂抖出来，它们也会进入新蜂巢，而且当它们发现蜂后的时候，会像自然的蜂群一样，立即开始筑巢。

# 在盎格鲁－印度如何管家

对于那些移居国外的英国人来说，当他们第一次到达印度的时候，肯定会遭遇强烈的文化冲击。人们写了许多书来为上流社会的英国人顺利进入盎格鲁－印度生活提供小技巧和提示。其中一本书，即埃德蒙·C. P. 赫尔在1874年出版的《欧洲人在印度》，竟然罗列了在盎格鲁－印度管家一般所需要的仆人数目。

以下是通常情况下一对已婚但还没有孩子、经济条件比较宽裕的夫妇家里所需要的仆人清单：

1. 男管家；2. 伙计；3. 负责穿戴的男孩；4. 女仆；5. 厨师；6. 负责采购的男帮厨；7. tannycatch[1]；8. 运水人；9. 清洁工；10. 两名园丁；11. 一名搬运工人（有时会雇佣两个人）；12. 一名蒲葵扇工[2]，主要负责白天的工作；13. 两名蒲葵扇工，主要负责晚上的工作（每个卧室各一名）。假设马厩的设施包括一匹马拉的四轮马车，一辆敞篷的双驾马车用于夜间出行，那么额外需要以下仆

---

1 tannycatch 差不多相当于女帮厨，负责协助做饭，如烧水和磨米等。

2 蒲葵扇是一种吊在天花板上的大型风扇；蒲葵扇工是通过拉动滑轮系统操作这种风扇的工人。

人——马车夫（可能两人）；三名养马人；三名割草人（女性）。

以上清单列出了全数仆人：18 位男性和 5 位女性；每个月花费佣金 135 ~ 150 卢比。

赫尔接着表现出了他对于盎格鲁 – 印度家庭中雇佣的仆人数目嗤之以鼻的态度。

最近，一位加尔各答居民给我写信，内容如下："我们的仆人数量真的很荒唐，每个人所做的工作都不多。如果每个家庭中无所事事的随从数目可以削减的话，将是一大幸事。"我想，这种想法大家都赞同。

# 如何用硬币变戏法

霍夫曼教授（Professor Hoffmann）所著的《现代魔术：魔术技巧实用专著》（*Modern Magic: A Practical Treatise on the Art of Conjuring*）（大约 1904 年）一书包含了以下令人开心的简单硬币戏法，可以使你的亲朋好友感到惊奇和欣喜。

在桌面上旋转弗罗林（Florin，一种货币），蒙住眼睛说出它落下的时候是正面还是背面——借一枚弗罗林币，让它在桌面（不要带桌布）上旋转，或者邀请别人把硬币在桌面上转起来。要让它一直转，直到自己停下来，然后在不看的情况下，立即宣布它落下的时候是正面朝上还是背面朝上。这可以重复几次，结果都是一样的，尽管你的眼睛可能被蒙住，并且别人可能会要求你站到房间的另一头。

秘诀在于，你要使用一枚自己的硬币，在其中一面（如背面）的边缘刻一个小口，因此在硬币的那一边会有一个小尖儿或者是金属齿伸出。让这样一枚事先准备好的硬币在桌面上旋转，如果落下来的时候碰巧是有缺口的一面朝上的话，硬币停止旋转的声音和普通硬币一样，是悠长连续的"呼呼"声，声音会逐渐变弱直到最后停止；但如果硬币停止旋转的时候是有缺口的一面朝下的话，小尖口与桌子之间的摩擦会将最后的"呼呼"声降为正常长度的一半，硬币落下来的时候会产生一种"扑通"声。这种声音的差别不够明显，不能吸引观众的注意，但是对于留心的耳朵来说，却足以辨认。

"奇数还是偶数"，或者称作"神秘的加法"——这是一种简单的几乎有点孩子气的小戏法，靠的是基本的算术原理。但是，我们知道它会引起巨大的困惑，甚至对那些比一般人敏锐的人来说也是如此。

抓一把硬币或是筹码，然后邀请另外一个人也这样做，私下确定他拿的数目是奇数还是偶数。你请求在场的其他人留心观察，你并没有问他任何问题，但是你能够预测并了解他最秘密的想法，为了证明这一点，你自己也抓一些硬币，把它们与他拿的硬币加到一起，如果他的数目是奇数，整堆硬币的数目就是偶数；如果他的数目是偶数，整堆硬币的数目就是奇数。请求对方把他拿着的硬币放到一顶帽子里，由在场者中的一人把它高高举起，你自己数着放入一定量的硬币。现在会有人问他，他的硬币总数是奇数还是偶数；然后，把所有的硬币数一遍，结果正如你所说的。这个实验可以一次又一次地重复做，硬币数目不同，但结果是一样的。

秘诀在于一个简单的算术事实，那就是如果用奇数和偶数相加，结果是奇数；如果用奇数和奇数相加，结果是偶数。因此，你只要注意，你自己增加的硬币数目，不管大小，全部是奇数就可以了。

让一枚做了标记的六便士硬币从一块手绢消失，然后出现在之前检验过的一个苹果或者橘子中——提前在两手中各藏一枚准备好的、有一面抹了蜡的六便士硬币。把另一小块蜡揉成小圆球，大小约是花椒粒的一半，然后把它轻轻地按在你背心上最低的那颗扣子上面，这样，当你需要它的时候，你就可以立刻找到它。你也必须在手头准备一套平时用的餐桌道具和一盘橘子。

你的戏法从借一枚六便士硬币（请求硬币主人给硬币做标记）和一块手绢开始。把一块手绢平铺到桌面上，手绢的边缘要与桌子边缘重合。然后，你站在桌子后面，表面上把借来的六便士硬币——实际上是你自己的六便士硬币（涂蜡的一面朝上），放到手绢中间，然后把四角折起，一个接一个，从离你最近的一个角开始。折叠的方式是每个角大约盖住六便士硬币一英寸，当你折起的时候，轻轻地按一下各个角。请求某人走上前，通过触摸手绢确定六便士硬币真的在里面。然后，把刀子拿给观众查看，在即兴的一切都完成之后，以相似的方式端上盛放橘子的盘子让观众查看，请求观众选一个橘子用来演戏法。当他们挑选橘子的时候，你的手指搜寻小蜡球，然后把它摁到仍然在你手中的做了标记的六便士硬币的一面上。把六便士硬币摁压到刀刃的一面上，大概在其长度的中间位置，然后把刀子平放到桌子上，此时六便士硬币就粘在刀子朝下的一面上。然后抓起手绢，朝着手绢中间吹一口气，之后很快把两手分开。这样你两只手就能攥住紧挨你的手绢一边的两角，每只手一个角，六便士硬币的替代品会紧紧贴住其中一角（你最先折起来的那个角），这时六便士硬币看起来便消失了。把手绢拿起让观众查验，可以看到硬币真的消失了，与此同时，把六便士硬币的替代品悄悄放到你的衣服口袋里或者其他地方。卷起袖子，向观众展示，你的两手都是空的。然后拿起手绢（要注意保持放六便士硬币的一面背对观众），切开橘子。先用刀尖把橘子切开大概一半，然后把整个刀身放到切口处，用力把橘子彻底切开。这样就会使六便士硬币脱落，落到两半边橘子中间，就好像它一直都在橘子里面包着似的。用手绢擦拭硬币，去掉上面的橘子汁，同时趁机擦掉可能还粘在上面的蜡，然后拿给观众查验鉴定。

# 如何制作护手油

《花一先令就能买到的实际收益》一书包含了以下制作缓解手开裂疼痛的护手油的说明。

取 1/4 磅没有加盐的猪油，先在清水里冲洗，然后用玫瑰花水清洗，之后加入两颗新下的鸡蛋的蛋黄，再加入一大匙蜂蜜。最后加入等量的精磨燕麦粥或者杏仁糊，这样就能把它制成糊状护手油了。

# 如何开始交谈

人们在一个严肃、无聊的聚会上试图闲聊时会十分怀念早已失传的谈话技巧。1879 年出版的《全套礼仪：上流社会女士、男士和家庭礼仪宝典》一书包含了大量能够引发闲谈的极好的建议。

一个人在公众场合，只要一开口说话，就能表现出较好或较差的教养。如果是一位绅士，他引出的话题是不会让在场的任何一个人感到不愉快的。话题应该是开放的大众话题，没有一个人有权为了自己特殊的观点（不管是政治上的还是宗教上的）而垄断谈话。没有谁会劝别人改变信仰，而且每个人都能感受到诚挚的邀请，从而变得随和、讨人喜欢。

在这样的情况下，你应该尽量避免武断或者特别确定的断言，因为太武断可能会受到质疑和反驳。一个非常武断的人可能会遭遇另一个和他一样坚信自己观点之人的反对，然后两个各执己见的人肯定会发生小冲突。

不要打断一个正口若悬河讲话的人，即使他讲述故事发生的日期和事实可能犯了历史性的错误。如果他犯的错误是他自身的问题，不需要让他难堪，不要试图当着别人的面公开纠正他的错误，因为这些人野心勃勃地想要表现出自己讲得头头是道。

在谈话中尽可能地搜寻对方的长处肯定能取悦对方，而对对方的缺陷要尽可能地视而不见。这个在道德上无所谓妥协，因为你要知道社交聚会并不是改革的场所，也不是谴责罪恶的讲道坛。

在社交聚会上要避免抱怨和讽刺；这两种武器很少有人能驾驭。用在场的人或者不在场的人开恶毒的玩笑，表明开玩笑的人既没有绅士天生该具备的好品质，也没有绅士该养成的好习惯。

即使你不健谈，也要尽量参与谈话；因为保持轻蔑的沉默和独占所有的话题同样容易惹恼某些人。要聚精会神、不厌其烦地听别人谈话。要想成为一个好的听众，需要极大的才能，这种才能极难具备；但是一个有教养的人即使经历千辛万苦也要修得这种才能。

# 如何洗浴

随着电能淋浴的出现，许多人已经遗忘了梳洗的技巧。幸运的是，《化妆宝典》一书提供了一些古老的宝贵指导。

早上起床之后，如果是用海绵洗漱的话，应该先脱掉前一天晚上穿的外衣，让皮肤完全接触更衣室的空气。然后用海绵蘸水擦洗整个身体的表面，之后立即用粗糙的毛巾擦干身体。皮肤细腻的女士也不要排斥这种方法——这种摩擦会改善皮肤……如果用的是凉水，会让人有发热的感觉，或者更确切地说，全身都发热，如果这给人一种舒服的温暖的感觉，那么倾向于使用凉水。但如果用凉水洗浴后，有一种寒冷或者疲倦的感觉，皮肤无力，那么水要保持微温。擦干身体之后，要用皮肤刷摩擦全身，然后只要方便的话，穿上法兰绒外套，包裹好。

用这种方式清洗、擦干身体表面之后，还有身体的其他部分要用更正式的方法清洗，其中香皂是必需品。应该先洗脚。水应该温热，尽管有些人更喜欢用凉水。在冬天，用凉水毫无疑问是很糟糕的，因为，在冬天，把脚泡到几乎和外面的空气一样寒冷的水里面，哪怕就几分钟，也会对身体引起相当大的伤害。每当洗完身体的某个部分之后，就用粗糙的毛巾擦干，因为粗糙的毛巾比细致的毛巾更适宜。

在我最近阅读的一本书中，引用了一位博学的医师推荐的方法，他说，永远都不要洗头，脚洗得越少越好。这种建议极其荒谬，而且能提出这种建议的医生可能是或者说已经是一个令人作呕的人。脚每天都要洗，身体的所有其他部位（除了头部）也是如此。

每周都应该洗一次热水澡，水温比体温高出 5 ~ 6 摄氏度，在水中泡了大概 15 分钟后，要用法兰绒把优质香皂或者杏仁膏充分地涂抹到全身的皮肤上，之后再次冲洗干净。在皂洗之后，建议再泡澡半个小时。对于那些经济条件富裕、可以用得起更奢侈的洗浴用品的人来说，可以马上安排第二次洗浴，此时，要先把一瓶科隆香水或者其他任何品牌的香水倒入洗浴用水中，在打完香皂也冲洗干净之后，可以从第一次洗浴步入第二次洗浴，第二次洗浴也要浸泡半个小时。

如果皮肤有些粗糙，还可以让它变得光滑柔软，或者使肌肤恢复良好的状态——简而言之，就是使肌肤摆脱问题（通常都是由于皮肤被忽视而产生的问题），恢复可爱的特征和漂亮的形态。如果皮肤出疹，不要用香皂，而要用以下物品涂抹皮肤：在软水中煮 12 磅大麦粉和 4 磅米糠，直到整个混合物都包含同等稠度的浓脂。把这些冲洗干净之后，可以涂抹杏仁膏，然后立即洗第二次澡。但是，对于普通的定期洗澡，一次泡澡和充分皂洗就足够了。

# 如何礼貌地借东西

　　大多数人都承认他们有一个从朋友或者邻居那里借的东西，塞在车库里，等待归还。幸运的是，这个永恒的问题在 1879 年出版的《全套礼仪：上流社会女士、男士和家庭礼仪宝典》一书中得到了解决，这本书给出了以下关于借物规则的建议。

　　如果某个物品你可能不止一个场合会用到，那么最好就买吧，不要借。如果是自己的物品，你就能把它放在手边，对出借人不用承担任何义务，也不会引发在你保管期间有关安全的责任。但是，当你不得不借东西的时候，请确保迅速归还所借物品。在把物品归还主人之前，不要自作主张把它借给任何人。如果物品受损坏或者遗失，而你没有能力找到替代物，那么道歉和悔恨的表示无济于事。

　　没有什么物品比雨伞更常被借了，也没有什么物品像伞一样总是不能被及时归还。通常情况下，借伞的人直到天气晴朗后也不一定能想起借来的雨伞，而出借人很可能因为没有雨伞而忍受麻烦。雨伞经常被扣留到下一次下雨，出借人不得不费力地派人去拿。然后很有可能雨伞根本找不到了，在此期间，有人顺手牵羊把它拿走了。在这样的情况下，粗心的借伞人用新雨伞来替代是一种基本的诚实，因为她觉得对于这样的实质损失来说，空洞的后悔表示和没有意义的道歉并不够。

如果有意想不到的伙伴突然来访，需要借桌上摆的物品，如茶叶、咖啡等，请确保按时归还，归还的物品数量和质量都要和借来的一样，甚至更多更好。习惯性借东西的人常会忘掉这种诚实，或者总是疏忽大意，完全忘记要还东西或吝啬地归还了比原来质量差的替代品。

# 如何通过茶渣或者咖啡渣预测未来

在享用了一杯好茶或者好咖啡之后，能够迅速地预测一下未来总是让人高兴的，格兰德·奥连特 1889 年所著的《纸牌占卜手册：算命和神秘的占卜》一书解释了这种预测未来的方法。

把茶渣或者咖啡渣倒进一个白色的茶杯里；充分摇晃，这样茶渣或者咖啡渣就能沾在杯子表面；把茶杯口朝下倒掉多余的物质，然后操练一下你的直觉和预见力吧。长的波浪形线意味着烦恼和损失，其重要程度取决于线的数量。反之，直线预示着和平、宁静和长寿。人像通常是好的预兆，预示桃花运和婚姻。如果圆形像占据支配地位，那么被算命的人预期会收到钱。如果这些圆形由直的实线连接，预示着可能会有拖延，但是最终一切会如意。正方形预示和平和幸福；椭圆形预示着家庭不和；弯曲的、扭曲的或者有角的图形是苦恼和烦恼的标志——苦恼或者烦恼持续的时间取决于图形数目。许多的线，不管是长还是短，预示着幸福的晚年。王冠形意味着政治家的荣誉，在宫廷中的成功。十字形预示着死讯，但是同一个杯子中出现三个十字形是荣誉的象征。环形预示着婚姻；如果在环形附近能发现一个字母的话，那将是未来配偶名字的首字母。如果环形出现在杯子比较干净的部分，预示着幸福美满的婚姻；如果环形周围有云形，预示着不幸福的婚姻；如果环形恰好在杯子底部，预示着永远不会结婚……四足动物——除了狗之外，预示着麻烦和困难；爬行动物预示着背叛；鱼形预示着一水之隔的地方传来的好消息，但是有些权威人士把它们的出现解释为预示着一次丰盛晚宴的邀请[1]。

---

1 以上观点仅为引用书籍作者的意见，缺乏科学性，仅供娱乐。

# 出版后记

　　要想给狮子剥皮，首先，你需要抓住狮子。其次，你得有如下工具：钳子、链锁钩、剪刀、挖脑铲子、解剖刀、吹风管……然后，你可以动手了。等等！这真的是一本讲"如何给狮子剥皮"的书吗？哈，不要慌张，这的确是一本讲"如何给狮子剥皮"的书，不仅如此，什么"如何围猎狮子"啦，"如何训练猎鹰"啦，"如何用蜗牛预测未来"啦，只要你充满好奇、愿意探索，这本书绝对让你"大开眼界"。

　　简单地说，这既是一本几乎毫无用处的"生活宝典"，又是一本名符其实的"经验指南"，当然，这还是一本"由书组成的书"。作者从大英图书馆的百宝箱中搜集了各种各样关于生活技巧、社交礼仪、生存技能的建议，资料来自中世纪手稿、维多利亚时代的生活手册和二十世纪早期的自助指南。它包罗万象，又携带着非常明显的时代印记；趣味性极强，内涵又非常严肃。

　　阅读这本书最好玩的地方在于，读者可以找到自己的切入点。你可以把它看作是一本趣味冷知识手册，在幽默风趣的语言中了解"预测天气的方法"和"绅士的穿衣法则”；也可以把它看作是一部由前人经验累积而成的生活宝典，轻轻松松就能学到“制作姜汁甜酒的秘方”和“举办鸡尾酒会的诀窍”；当然，你还可以把这本书看作是英国和人类历史的一系列鲜活注脚。细心的读者会发现，本书所选的材料大量来自英国“维多利亚时代”的出版物，这并非偶然现象。要知道，18 世纪后半叶至 19 世纪上半叶，英国的工业、文化、科技进入了全盛时期，印刷术的发展促进了文学艺术的空前繁荣。本书所选的材料，恰到好处地展现了当时大英帝国的风貌——冒险、殖民、性别平等、繁复的礼仪、讲究的餐桌文化、科学与现代医学的萌芽……一个个看似不相干的问题串起“日不落帝国”的历史细节，风情画般细腻地绘出普通人的日常生活，生动地讲述着过去的风俗和故事。

总之，这本书难以归类，它古怪、有趣、让人着迷，恰好适合充满好奇心和求知欲，又不走寻常路的你。

服务热线：133-6631-2326  188-1142-1266

读者信箱：reader@hinabook.com

**后浪出版公司**

2018 年 6 月

HOW TO SKIN A LION

First published in 2015 by The British Library

Text © Claire Cock-Starkey 2015

Illustrations © The British Library Board and other named copyright holders 2015

Simplified Chinese translation rights arranged by Peony Literary Agency Limited.

Simplified Chinese translation copyright © 2018 by Ginkgo(Beijing) BookCo., Ltd.

本中文简体版由银杏树下（北京）图书有限责任公司出版。

著作权合同登记号：图字01-2018-3163

**图书在版编目（CIP）数据**

如何给狮子剥皮 / (英) 克莱尔·科克–斯塔基著；
董秀静译. -- 北京：中国华侨出版社, 2018.6

ISBN 978-7-5113-7717-3

Ⅰ.①如… Ⅱ.①克… ②董… Ⅲ.①生活－知识
Ⅳ.①TS976.3

中国版本图书馆CIP数据核字(2018)第105766号

## 如何给狮子剥皮

| | | | |
|---|---|---|---|
| 著　　者：[英] 克莱尔·科克—斯塔基（Claire Cock-Starkey） | | | |
| 译　　者：董秀静 | | | |
| 出 版 人：刘凤珍 | | 责任编辑：待　宵 | |
| 特约编辑：张　怡 | | 筹划出版：银杏树下 | |
| 出版统筹：吴兴元 | | 营销推广：ONEBOOK | |
| 装帧制造：墨白空间·张静涵 | | 经　　销：新华书店 | |
| 开　　本：889mm×1194mm　1/32 | | | |
| 印　　张：6.75 | | | |
| 字　　数：127千字 | | | |
| 印　　刷：北京京都六环印刷厂 | | | |
| 版　　次：2018年8月第1版　　2018年8月第1次印刷 | | | |
| 书　　号：ISBN 978-7-5113-7717-3 | | | |
| 定　　价：38.00元 | | | |

中国华侨出版社　北京市朝阳区静安里26号通成达大厦3层　邮编：100028

法律顾问：陈鹰律师事务所

发 行 部：（010）64013086　　传真：（010）64018116

网　　址：www.oveaschin.com　　E-mail：oveaschin@sina.com

后浪出版咨询(北京)有限责任公司